2,50 € 58

David Rennert

Der Oslo-Report

Wie ein deutscher Physiker die geheimen Pläne der Nazis verriet

Residenz Verlag

MIX
Papier aus verantwor-
tungsvollen Quellen
FSC® C014496

Wir danken für die freundliche Unterstützung von

ZukunftsFonds
der Republik Österreich

NATIONALFONDS
DER REPUBLIK ÖSTERREICH FÜR OPFER DES NATIONALSOZIALISMUS

Bibliografische Information der Deutschen Nationalbibliothek
Die Deutsche Nationalbibliothek verzeichnet diese Publikation
in der Deutschen Nationalbibliografie; detaillierte bibliografische Daten
sind im Internet über http://dnb.dnb.de abrufbar.

www.residenzverlag.com

© 2021 Residenz Verlag GmbH
Salzburg – Wien

Umschlaggestaltung: BoutiqueBrutal.com
Umschlagfoto: shutterstock / LiliGraphie
Typografische Gestaltung, Satz: Lanz, Wien
Lektorat: Marie-Therese Pitner
Gesamtherstellung: GGP Media GmbH, Pößneck

ISBN 978 3 7017 3517 4

Inhalt

Vorwort:

Über dieses Buch

Zu gut, um wahr zu sein – das war die erste Reaktion im britischen Geheimdienst auf ein spektakuläres Dokument, das im November 1939 auftauchte. Es war acht Wochen nach Beginn des Zweiten Weltkriegs per Post in der Botschaft Großbritanniens in Oslo eingelangt und gab angeblich Einblicke in deutsche Rüstungsgeheimnisse: Auf insgesamt sieben Seiten deckte der anonyme Verfasser neue Entwicklungen der Rüstungsforschung, geheime Waffensysteme und Standorte wichtiger militärischer Forschungsprogramme der Wehrmacht auf.

Der Bericht nannte beunruhigende Details über die Fortschritte der deutschen Radarforschung und gab erste Hinweise auf ferngesteuerte Raketen und die Heeresversuchsanstalt Peenemünde auf der Ostseeinsel Usedom, wo seit 1936 an der Entwicklung von Langstreckenwaffen gearbeitet wurde. Zum Teil wurden erstaunlich detaillierte technische Angaben gemacht – samt Hinweisen auf mögliche Abwehrmaßnahmen. Sogar die Bombardierung konkreter Ziele in Deutschland wurde empfohlen, deren Zerstörung die deutsche Kriegsmaschinerie schwer treffen würde. Doch die Skepsis gegenüber diesen überraschenden Enthüllungen bei den Empfängern war groß: Der Inhalt mochte brisant erscheinen, die dubiosen Umstände ließen aber ein Täuschungsmanöver befürchten. Gezielte Desinformation war weit verbreitet und nach einem katastrophalen Misserfolg britischer Agenten nur Tage vor dem Eintreffen des Berichts in Oslo lagen die Nerven in London blank.

Der junge Physiker und Geheimdienstoffizier Reginald Victor Jones erkannte jedoch bald, dass die Angaben größtenteils tatsächlich zutreffend waren und zum Vorteil der Alliierten genutzt werden konnten. Nach 1945 bezeichnete Jones den »Oslo-Report« als den »wahrscheinlich besten Einzelbericht während des gesamten Krieges« und befasste sich bis ans Ende seines langen Lebens ausführlich damit. Auch Winston Churchill erwähnte den Bericht anerkennend in seinen Memoiren. Wer ihn eigentlich geschrieben hatte, blieb die längste Zeit unklar.

Die Geschichte des Oslo-Reports ist in der deutschsprachigen Öffentlichkeit wenig bekannt. In den ersten Nachkriegsjahrzehnten stürzten sich zwar einige Journalisten und Autoren darauf und veröffentlichten teils spekulative Artikel und Bücher, die meist im Stil reißerischer Agentenstorys den vermeintlichen Namen und die Motivation des Urhebers aufdeckten. Auch wenn manche davon interessante Biografien ans Licht brachten, waren ihre Zuschreibungen allesamt falsch. Als Ende der 1980er-Jahre endlich der vollständige Inhalt des Oslo-Reports und der richtige Name des Verfassers publiziert wurden, war das Interesse daran schon verhallt, die Resonanz blieb denkbar gering. Zu Unrecht, wie in diesem Buch gezeigt werden soll.

Es ist Hans Ferdinand Mayer (1895–1980) gewidmet, dem Autor des Oslo-Reports, dessen mutige Taten gegen die nationalsozialistische Herrschaft bis heute kaum gewürdigt worden sind. Einige wenige haben sich in den vergangenen Jahren darum bemüht, dem Wissenschaftler, Techniker, Widerstandskämpfer und KZ-Überlebenden Mayer mit Verspätung doch noch ein Andenken zu setzen: Die Nachrichtentechniker und emeritierten Universitätsprofessoren Don H. Johnson (Rice University, Houston) und Joachim Hagenauer (TU München) sowie der Historiker Martin Pabst haben Arbeiten zu Mayer vorgelegt, auf denen ich aufbauen konnte. Auch ohne die Unterstützung durch Allen Packwood und seinem Team am Churchill Archives Centre in Cambridge, wo sich der gesamte Nachlass von Jones befindet, wäre die Entstehung dieses Buchs nicht möglich gewesen. Ihnen bin ich zu besonderem Dank verpflichtet.

Der Oslo-Report erzählt aber nicht nur von einem deutschen Wissenschaftler, der sich als einer der wenigen in seinem Umfeld aktiv gegen den Nationalsozialismus engagiert und einen hohen Preis dafür bezahlt hat. Es ist auch eine Geschichte der engen Verflechtungen zwischen Wissenschaft, Politik, Geheimdiensten und Militär. Der Zweite Weltkrieg wurde nicht umsonst oft als »Krieg der Physiker« bezeichnet, in dem der Wettlauf um neue Technologien ein bis dahin völlig ungeahntes Ausmaß erreichte. Dieses Buch handelt von einem Versuch, die Regeln dieses tödlichen Rennens zu brechen.

*»Der ›Oslo-Report‹ enthielt Informationen von fast unschätzbarem Wert
über deutsche wissenschaftliche Entwicklungen.«*

REGINALD VICTOR JONES (1911–1997),
britischer Physiker und wissenschaftlicher Geheimdienstoffizier

»Eine Bestie wie Hitler sollte den Krieg nicht gewinnen.«

HANS FERDINAND MAYER (1895–1980),
deutscher Physiker und Elektrotechniker

Prolog:

Hotel Bristol, Oslo 1939

An seinem dritten Tag in Oslo wird aus einer mutigen Idee gefähr-
licher Ernst. Die prunkvolle Lobby ist nahezu menschenleer, als Hans
Ferdinand Mayer ins Hotel Bristol zurückkehrt. Der Portier lässt sich
nicht lange bitten: Schnell hat er eine Schreibmaschine organisiert, die
Mayer mit auf sein Zimmer nehmen kann. Auf dem Weg hinauf über
die von schweren Spiegeln und Jugendstil-Skulpturen gesäumte Treppe
hält er kurz inne. Aus dem Ballsaal dröhnt Musik, das Orchester probt
für die Dinnerparty, die allabendlich scharenweise Gäste ins Bristol
lockt. Auf diesem Parkett haben schon internationale Berühmtheiten
wie die Jazzlegende Josephine Baker das Tanzbein geschwungen. Mayer
schüttelt den Kopf. Nach Feiern ist ihm schon lange nicht mehr zumute.

Es ist Mittwoch, der 1. November 1939. Vor genau zwei Monaten hat Nazideutschland Polen überfallen und Europa in einen neuen
Krieg gestürzt. Mayers über die Jahre gewachsene Abneigung gegen das
nationalsozialistische Regime ist inzwischen in Hass umgeschlagen, die
Ohnmacht einem Gefühl der Entschlossenheit gewichen. »Ich musste
gegen den Teufel kämpfen«, schrieb er später, »ich musste ihm so viel
Schaden zufügen wie möglich.« Noch an diesem Abend will er zum
ersten Schlag ausholen.

In seinem Zimmer angekommen, setzt sich Mayer an den Schreibtisch. Er will alles möglichst detailliert und strukturiert zu Papier

bringen, was er in Erfahrung gebracht hat. Auffliegen darf er nicht – er ist schon einmal verhaftet worden und weiß nur zu gut, wie die Nazis selbst mit harmlosen Gegnern umgehen. Was einem Landesverräter droht, will er sich lieber nicht vorstellen. Hier in Norwegen scheinen Gestapo und Krieg zwar weit weg, höchste Vorsicht ist trotzdem geboten. Er zieht seine Lederhandschuhe an, um Fingerabdrücke zu vermeiden, ehe er das erste Blatt Papier in die Schreibmaschine einspannt und tippt:

»1. *Ju 88 Programm. Ju 88 ist ein zweimotoriger Langstreckenbomber und hat den Vorteil, dass er auch als Sturzbomber verwendet werden kann. Es werden im Monat mehrere Tausend, wahrscheinlich 5000 hergestellt. Bis April 40 sollen 25 000–30 000 Bomber allein von dieser Sorte fertiggestellt sein.*

2. Franken. Im Hafen von Kiel liegt das erste deutsche Flugzeugmutterschiff. Es soll bis April 40 fertiggestellt sein und heißt ›Franken‹.

3. Ferngesteuerte Gleiter. Die Kriegsmarine entwickelt ferngesteuerte Gleiter, d. s. kleine Flugzeuge von etwa 3 m Spannweite und 3 m Länge, die eine große Sprengladung tragen. [...] Die Geheimnummer ist FZ 21 (ferngesteuertes Zielflugzeug). Die Erprobungsstelle ist in Peenemünde, an der Mündung der Peene, bei Wolgast in der Nähe von Greifswald.«

Wieder mit Handschuhen steckt er die beschriebenen Seiten umständlich in ein Kuvert. Er will die Papiere gleich loswerden – es ist kein angenehmes Gefühl, sie bei sich zu haben. Er hat lange darüber nachgedacht, wie er sie am besten weiterleiten könnte. Letztlich erscheint ihm die nächstliegende Variante am wenigsten riskant: per Post. Morgen würde er den zweiten Teil schreiben und gesondert aufgeben. Das würde die Chance erhöhen, dass zumindest ein Teil der Informationen das Ziel erreicht. Die Adresse steht im Telefonbuch: *Storbritannia og Nord-Irlands Storbritannias ambassade i Oslo, Drammensveien 79.*

Mayer will den Brief nicht aus dem Hotel abschicken. Es ist schon dunkel, als er in die Kälte tritt. Nur wenige Schritte entfernt liegt die Karl Johans gate, die zentrale Prachtstraße der Osloer Innenstadt, die vom Ostbahnhof direkt zum königlichen Schloss führt. Dieses ist die offizielle Residenz der norwegischen Königsfamilie. Dass in Deutschland längst Pläne für den Überfall auf seine nördlichen Nachbarstaaten gewälzt werden, weiß Mayer nicht. Schon in wenigen Monaten wird Norwegen unter deutscher Besatzung stehen, der König ins britische Exil flüchten und das Schloss zum Hauptquartier des »Reichskommissars für die besetzten norwegischen Gebiete« umfunktioniert werden. Aber noch wird es von norwegischen Soldaten bewacht.

Mayer wirft das Kuvert in einen Briefkasten und spaziert zurück zum Hotel. In seinem Zimmer setzt er sich aufs Bett und streicht mit der Hand über die langen Narben, die sich über seine linke Wange ziehen. Wie ein anderes Leben erscheinen ihm die Tage, als er beim Mensur-Fechten in Heidelberg die Klinge zu spüren bekommen und selbst anderen Burschenschaftlern die jungen Gesichter zerschnitten hat. Als er beim großen Philipp Lenard, dem Physiknobelpreisträger von 1905, studierte. Wie stolz er damals war.

Heute ist Lenard ein besessener Nationalsozialist, der versucht, den antisemitischen Rassenwahn des »neuen Deutschlands« in die Naturwissenschaften einzuschreiben, der von einer »arischen Physik« fantasiert. Und er, Mayer, sein ehemaliger Musterstudent und Assistent, sitzt in einem Hotel in Norwegen und ist dabei, Deutschland an jene zu verraten, gegen die er im Ersten Weltkrieg noch gekämpft hat. Wie schnell sich die Zeiten ändern können.

Am nächsten Tag setzt sich Mayer wieder an die Schreibmaschine.

»10. Torpedos. Die deutsche Marine hat 2 neue Arten von Torpedos. a) Man will z. B. Convoys von 10 km Entfernung aus angreifen. Solche Torpedos haben einen drahtlosen Empfänger, der 3 Signale empfangen kann. Mit diesen Signalen kann man von dem Schiff, welches das Torpedo geschossen hat, oder von einem Flugzeug aus, das Torpedo nach links, nach rechts oder geradeaus steuern. Es werden lange Wellen verwendet, die gut in das Wasser eindringen …«

Nachdem die letzte Seite fertig beschrieben ist, lehnt er sich zurück. »Der zweite Brief war eine Fortsetzung des ersten und gemeinsam gaben sie einen ziemlich vollständigen Überblick über die Vorhaben der Nazis hinsichtlich geheimer Waffen zu diesem Zeitpunkt«, erinnert er sich später.

Als die brisante Post wenig später in der britischen Botschaft in Oslo eintrifft, ist Mayer schon wieder auf dem Rückweg nach Berlin. Dass er in Oslo sein Leben aufs Spiel gesetzt hat, ist ihm bewusst. Es war nicht das erste Risiko, dass er in dieser dunklen Zeit eingegangen ist. Was ihm in Deutschland bevorsteht, würde er trotzdem nicht für möglich halten.

1. Kapitel:

Ein Physiker für den Geheimdienst

Der Anruf aus Berlin kommt am 31. August 1939 gegen 16 Uhr. »Großmutter gestorben.« Auf diese Worte hat Alfred Naujocks in seinem
Hotel im oberschlesischen Gleiwitz (polnisch: Gliwice) seit mehr als
zwei Wochen gewartet. Sie sind das Startsignal für die bisher wichtigste
Geheimoperation des 27-jährigen SS-Sturmbannführers. Naujocks hat
sich im berüchtigten Sicherheitsdienst, dem Geheimdienst der SS, in
den vergangenen Jahren einen Namen gemacht: Morde, Bomben-
anschläge und Spezialaufträge im Ausland sind das Metier des glühen-
den Nationalsozialisten. Die geplante Aktion in Gleiwitz ist von besonderer Tragweite, der Befehl dazu kommt von ganz oben. Reinhard
Heydrich, der Chef des Sicherheitsdienstes, hat Naujocks persönlich
damit beauftragt. Heute Abend soll es also wirklich beginnen.

Gleiwitz liegt nur wenige Kilometer von der polnischen Grenze
entfernt. Nordwestlich der Stadt ragt der »Schlesische Eiffelturm«
118 Meter in die Höhe, ein Rundfunksender aus Holz, der ein wenig
an das berühmte Wahrzeichen von Paris erinnert. Um Punkt 20 Uhr
stürmt Naujocks mit sechs bewaffneten SS-Männern – alle als Zivilisten getarnt – das Stationsgebäude neben dem Sender. Die Angreifer
schießen wild um sich, überwältigen das Personal der Radiostation
und dringen in den Senderaum ein. Doch ihnen ist ein grober Fehler
unterlaufen: Entgegen ihren Erwartungen sitzt hier kein Moderator am

Mikrofon, der Sender Gleiwitz überträgt die Sendungen des Reichssenders Breslau. Zwar gibt es auch in Gleiwitz ein eigenes Radiostudio, doch das befindet sich am anderen Ende der Stadt.[1]

Der Auftrag, die laufende Sendung gewaltsam für eine dramatische Durchsage zu unterbrechen, steht auf der Kippe. Mit einiger Mühe finden Naujocks' Männer aber schließlich doch noch eine Möglichkeit, ihre Botschaft in die Welt zu schicken: Es gibt ein »Gewittermikrofon«, über das Hörer informiert werden können, wenn es durch Unwetter zu Unterbrechungen im Sendebetrieb kommt. Jetzt brüllt einer der SS-Männer seine einstudierte Nachricht auf Polnisch und Deutsch in dieses Notmikrofon: »Achtung! Achtung! Hier ist Gleiwitz. Der Sender befindet sich in polnischer Hand … Die Stunde der Freiheit ist gekommen!«[2]

Dreister könnte die Lüge kaum sein. Naujocks' Aktion in Gleiwitz ist nichts anderes als eine mörderische Inszenierung, die Deutschland einen Vorwand für den Überfall auf sein Nachbarland liefern soll. Die fingierte polnische Attacke auf den Sender ist eines von mehreren aufwendig vorbereiteten Täuschungsmanövern, welche die SS in dieser Nacht im deutsch-polnischen Grenzgebiet durchführt, um dem Angriffskrieg gegen Polen wenigstens den dünnen Anstrich einer Rechtfertigung zu geben. »Ich werde propagandistischen Anlass zur Auslösung des Krieges geben, gleichgültig, ob glaubhaft«, hatte Adolf Hitler seine Generäle nur Wochen zuvor wissen lassen. »Der Sieger wird später nicht danach gefragt, ob er die Wahrheit gesagt hat oder nicht.«[3]

Etwa vier Minuten dauert die gefälschte Radiodurchsage in Gleiwitz, am Ende rufen die SS-Männer »Hoch lebe Polen!« ins Mikrofon. Damit ist es aber noch nicht getan – ein Mord soll die Lüge glaubhafter machen, dass es sich um einen Überfall polnischer Aufständischer handelt. Schon am Vortag hat die Geheime Staatspolizei (Gestapo) zu diesem Zweck Franciszek Honiok verhaftet, einen Vertreter für Landmaschinen aus dem nahe gelegenen Ort Hohenlieben (Łubie), der für

---

1 Kordecki, Smolorz 2019, S. 86
2 Ebenda, S. 87
3 Runzheimer 1962, S. 410

seine pro-polnische Haltung bekannt ist. Während drinnen noch die Durchsage läuft, wird Honiok, vermutlich betäubt, vor den Eingang des Sendegebäudes geschleppt und erschossen. Es soll so aussehen, als wäre er einer der Angreifer gewesen und bei einem Schusswechsel getötet worden.[4]

Dass der Großteil der Worte aus dem Gewittermikrofon aus ungeklärten Gründen gar nicht gesendet wird und kaum jemand live etwas von dem fingierten Überfall mitbekommt, spielt letztlich keine Rolle, die deutsche Propagandamaschinerie läuft davon unbeirrt auf Hochtouren. Schon gegen 22 Uhr senden andere Radiostationen erste Berichte über den »polnischen Angriff« in Gleiwitz, während die Gestapo die örtliche Polizei an der Untersuchung des Vorfalls hindert.[5]

Auch in Pitschen (Byczyna), nordwestlich von Gleiwitz, und im südlich gelegenen Hochlinden (Stodoły) kommt es in den folgenden Stunden zu inszenierten »Zwischenfällen«. Auch dort lässt die SS Tote zurück – Häftlinge aus dem KZ Sachsenhausen, die zum Tragen polnischer Uniformen gezwungen und anschließend ermordet werden. Es soll so aussehen, als hätten sogar reguläre polnische Soldaten Grenzverletzungen begangen. Hitler hat seinen »Anlass«. Kurz vor Sonnenaufgang nimmt das deutsche Schiff »Schleswig-Holstein« ein polnisches Munitionslager auf der Halbinsel Westerplatte bei Danzig unter Beschuss – und gibt damit den Startschuss für die deutsche Invasion. Gleiwitz wird bald nur noch eine Randnotiz sein im größten Krieg, den die Menschheit je erlebt hat. An Franciszek Honiok erinnert sich kaum jemand.

Alfred Naujocks erzählt 1963 in einem Interview mit dem »Spiegel« nicht ohne Stolz von seinem Einsatz und gibt offen zu, dass er den Angriff auf den Sender Gleiwitz angeführt hat: »Es handelte sich um eine hochpolitische Aufgabe, die befehlsgemäß durchgeführt wurde.«[6] Es

---

4 Kordecki, Smolorz 2019, S. 87
5 Vgl. Runzheimer 1962, S. 408–426
6 »Großmutter gestorben«. Interview mit dem ehemaligen SS-Sturmbannführer Helmut [sic] Naujocks, Leiter der Aktion Gleiwitz (1963). In: Der Spiegel (46), S. 71–77. Online verfügbar unter: www.spiegel.de/spiegel/print/d-46172747.html (letzter Zugriff: 1.3.2021)

sollte nicht seine letzte sein. Keine zwei Monate nach dem Überfall auf Polen erhält der SS-Geheimdienstmann seinen nächsten großen Auftrag aus Berlin.

Das Ende der Beschwichtigung

»Ich spreche zu Ihnen aus dem Kabinettszimmer in 10 Downing Street.« Es ist kurz nach 11 Uhr vormittags am Sonntag, dem 3. September 1939 – und Neville Chamberlains Karriere hat ihren Tiefpunkt erreicht. Lange hat der britische Premierminister versucht, das nationalsozialistische Deutschland zu besänftigen und durch immer neue Zugeständnisse an Hitler einen Krieg abzuwenden. Doch seine Beschwichtigungspolitik ist offenkundig gescheitert: Die deutsche Wehrmacht hat vor zwei Tagen Polen überfallen, eineinhalb Millionen Soldaten sind blitzartig in das Land einmarschiert, begleitet von Tausenden Flugzeugen und Panzern. Eine Reaktion Großbritanniens ist unvermeidlich – und überfällig.

Während die deutschen Panzerkolonnen auf Warschau zurollen und Kampfflugzeuge der Luftwaffe polnische Städte bombardieren, spricht Chamberlain mit Grabesstimme ins Radiomikrofon: »Heute früh hat der britische Botschafter in Berlin der deutschen Regierung eine letzte Mitteilung übergeben, dass zwischen uns Kriegszustand herrschen würde, sollten wir nicht bis 11 Uhr hören, dass sie bereit sind, ihre Truppen aus Polen abzuziehen. Ich muss Ihnen jetzt mitteilen, dass keine Zusage bei uns eingegangen ist und sich dieses Land nun im Krieg mit Deutschland befindet.« Hitler habe alle Möglichkeiten zu einer friedlichen Einigung mit Polen ignoriert, sagt Chamberlain. Sein Vorgehen zeige, dass von diesem Mann nichts anderes mehr zu erwarten sei als »Gewalt zur Durchsetzung seines Willens. Er kann nur mit Gewalt gestoppt werden.«[7]

---

7 Chamberlain, Neville: Declaration of War. BBC, 3.9.1939

Der Weg zu dieser öffentlichen Einsicht ist weit gewesen. Deutschland hat sich in den vergangenen Jahren nicht nur in einen totalitären Terrorstaat verwandelt, in dem Jüdinnen und Juden Schritt für Schritt diskriminiert, ausgegrenzt, beraubt und entrechtet werden, in dem als »rassisch minderwertig« klassifizierte Menschen und politisch Andersdenkende brutaler Verfolgung ausgesetzt sind. Hitlers aggressive Expansionspolitik lässt auch keine Zweifel daran, dass er es mit dem Eroberungskrieg ernst meint, von dem er schon ein Jahrzehnt zuvor in seiner Hetzschrift *Mein Kampf* fantasierte. Von deutschem »Lebensraum im Osten« und »rücksichtsloser Germanisierung« ist da die Rede. Doch bis zu diesem 3. September 1939 hat Chamberlains Regierung alles darangesetzt, einem Konflikt mit Deutschland aus dem Weg zu gehen.

Diese Appeasement-Politik hat zwar zu teils scharfer Kritik geführt, ist aber lange Zeit auf breite Unterstützung in der britischen Öffentlichkeit gestoßen. Zwei Jahrzehnte nach den Schrecken des Ersten Weltkriegs ist die Vorstellung eines neuerlichen Waffengangs alles andere als populär – Wähler und Wählerinnen lassen sich mit Kriegsrhetorik und der Aussicht auf deutsche Luftangriffe sicher nicht mobilisieren. Und was hätte Großbritannien schon zu gewinnen? Das Empire ist 1918 als Sieger aus einem katastrophalen Krieg hervorgegangen, aber taumelnd. Die 1920er-Jahre sind im Kolonialreich sehr unruhig verlaufen: Seit 1918 hat es kaum ein Jahr istgegeben, in dem die Herrschaft des Vereinigten Königreichs in den Kolonien nicht durch Unabhängigkeitsbewegungen und Rebellionen infrage gestellt worden ist. Oft antwortete London mit brutaler Gewalt, manchmal vergeblich. Zu einem neuen großen Krieg ist man weder wirtschaftlich noch militärisch bereit – Stabilität und die Erhaltung des Status quo sind das oberste Gebot, wie es ein Stabschef der britischen Armee ausdrückt: »Wir sind uns alle einig – wir wollen Frieden, nicht nur weil wir ein zufriedenes und deshalb von Natur aus friedliches Volk sind. Sondern weil es im imperialen Interesse unseres überaus verwundbaren Reiches liegt, nicht in den Krieg zu ziehen.«[8]

---

8 Zitiert nach Overy, Wheatcroft 2009, S. 87

Infolge der Weltwirtschaftskrise 1929 sind die britischen Rüstungs-ausgaben auf ein Minimum reduziert worden, während die deutsche Kriegsmaschinerie auf Hochtouren läuft. Die Erfahrung des Ersten Weltkriegs hat gezeigt, wie sehr sich die Kriegsführung gewandelt hat. Dass ein künftiger Konflikt eine Materialschlacht noch größeren Aus-maßes werden würde, zieht in den 1930er-Jahren niemand mehr in Zweifel – und darauf ist Großbritannien nicht vorbereitet.

Zudem mangelt es an verlässlichen Verbündeten für einen Krieg gegen Deutschland: Die USA setzen auf Isolationismus und beabsich-tigten nicht, sich erneut militärisch in Europa zu engagieren. Frankreich ist mit schweren innenpolitischen Krisen beschäftigt, und bei aller Ab-scheu gegen die Nazis erscheint die kommunistische Sowjetunion vie-len Angehörigen der britischen Oberschicht als die größere Gefahr für Europa. Also hat man Hitler gewähren lassen und in Kauf genommen, dass Deutschland in Mitteleuropa neuerlich zur Hegemonialmacht auf-steigen konnte. Im Gegenzug wollte man Hitler diplomatisch verpflich-ten und in internationale Verträge einbinden – so die Hoffnung.

Hitler verfolgt ganz andere Pläne. Schon 1935 erklärte Deutschland die Abrüstungsverpflichtungen, die ihm 1919 von den Siegermäch-ten des Ersten Weltkriegs im Vertrag von Versailles auferlegt worden waren, offiziell für nichtig, daran gehalten hatte sich das Land schon vorher nicht. 1936 revidierte Hitler die Vertragsbestimmungen weiter und stellte Großbritannien und Frankreich gleichsam auf die Probe: Die Wehrmacht marschierte in das entmilitarisierte Rheinland ein und baute damit ihre Stellung für künftige Vorhaben aus. Doch trotz militä-rischer Überlegenheit waren Frankreich und Großbritannien nicht be-reit, entschieden gegen diese Provokation vorzugehen – und verpassten die vermutlich letzte Chance, die nationalsozialistischen Eroberungs-pläne noch vorzeitig zu stoppen.[9]

Nur Monate später schickte Deutschland Flugzeuge und Tausende Soldaten, getarnt als »Freiwillige« ohne Uniform, nach Spanien, um im

---

9 Für eine umfangreiche Gesamtdarstellung der britischen Appeasement-Politik siehe
  z. B. Bouverie 2021

Bürgerkrieg auf der Seite des faschistischen Generals Francisco Franco gegen die Regierung der demokratisch gewählten Republik zu kämpfen. Im Nachhinein erscheint der Luftangriff auf Guernica im April 1937 wie eine Generalprobe des kommenden deutschen Vernichtungskriegs: An einem einzigen Tag legten Kampfflugzeuge der Wehrmacht die baskische Stadt mit Spreng- und Brandbomben großflächig in Schutt und Asche.

Als die Wehrmacht im März 1938 in Österreich einmarschierte und den sogenannten »Anschluss« an Nazideutschland vollzog, gab es keine nennenswerten Reaktionen der Großmächte. Ein einziger Staat legte beim Völkerbund in Genf öffentlichen Protest gegen diese eklatante Völkerrechtsverletzung ein: Mexikos Protestnote blieb freilich völlig wirkungslos. Die Sowjetunion forderte die USA, Frankreich und Großbritannien zwar zu gemeinsamen Sanktionen gegen Deutschland auf, fand damit aber keinen Anklang.

Statt auf militärische Gegenwehr stießen die deutschen Truppen in Österreich auf begeisterte Menschenmassen und wurden mit Blumen begrüßt – aus Londons Perspektive handelte es sich um eine Angelegenheit zweier deutschsprachiger Länder, in die man sich nicht einmischen wollte und konnte. Und Frankreich, das just in diesem Augenblick wieder einen Regierungsrücktritt erlebte, wollte keinesfalls ohne Großbritannien den Druck auf Hitler erhöhen.[10] Friedlich ging der »Anschluss« aber keineswegs vonstatten: In etlichen österreichischen Städten kam es unmittelbar zu antisemitischen Ausschreitungen und »wilden Arisierungen«. Tausende Juden und politische Gegner der Nationalsozialisten wurden festgenommen, allein in Wien begingen in den ersten Wochen nach dem »Anschluss« Hunderte Menschen Suizid.[11]

Unwidersprochen blieb die passive Haltung Großbritanniens zu diesen Entwicklungen nicht. Wieder einmal war es der konservative Abgeordnete Winston Churchill, ein vehementer Gegner der

---

10 Vgl. Roberts 2019, S. 24
11 Zum »Anschluss« siehe z. B. Botz 2008

Appeasement-Politik, der eindringlich vor der Gefahr von Zugeständnissen an Nazideutschland warnte und die »Vergewaltigung Österreichs« als Risiko für ganz Europa anprangerte. Als einer der wenigen britischen Politiker hatte Churchill schon seit Beginn der 1930er-Jahre auf die Notwendigkeit einer militärischen Aufrüstung gepocht und früh argumentiert, dass die Beschwichtigungsversuche einen Krieg mit Nazideutschland nicht verhindern, sondern im Gegenteil wahrscheinlicher machen würden. Mit dieser unpopulären Haltung machte sich Churchill, der in der Vergangenheit hohe Regierungsämter innegehabt hatte, viele Feinde und geriet politisch weitgehend in Isolation. In der Öffentlichkeit wurde er als Kriegstreiber diffamiert.

Im Nachhinein erscheinen viele von Churchills Reden aus dieser Zeit beeindruckend weitsichtig. Am 14. März 1938, zwei Tage nachdem die deutsche Wehrmacht die Grenze zu Österreich überschritten hatte, erklärte er etwa im britischen Unterhaus: »Die Schwere der Ereignisse vom 12. März kann gar nicht überschätzt werden. Europa ist mit einem Aggressionsprogramm konfrontiert, das sich, genau kalkuliert und zeitlich abgestimmt, Schritt für Schritt entfaltet. Es bleibt nur eine Wahl, nicht nur uns, sondern auch anderen Ländern: sich entweder wie Österreich zu unterwerfen, oder effektive Gegenmaßnahmen zu ergreifen, um die Gefahr abzuwehren, solange noch Zeit dazu bleibt.«[12]

Tatsächlich bestärkte die Passivität der europäischen Staaten Hitler darin, seine Kriegspläne noch zu beschleunigen. Das nächste Ziel stand schon fest und sollte niemanden überraschen: Bald nach dem »Anschluss« Österreichs wurde die Absicht laut, auch die mehrheitlich deutschsprachigen Gebiete der Tschechoslowakei zu annektieren. Der Einmarsch in die junge parlamentarische Demokratie, die nach dem »Anschluss« fast vollständig an das Deutsche Reich grenzte, war der nächste Schritt zur Verwirklichung der Eroberungs- und Vernichtungspolitik, welche die Nationalsozialisten in Osteuropa planten. Um Deutschlands neue Kolonialherrschaft etablieren zu können, mussten

---

12 Churchill 1985a, S. 244

Hitlers Ansicht nach erst Österreich und die Tschechoslowakei, dann Großbritannien und Frankreich ausgeschaltet werden.

Mit der Absicht, die Tschechoslowakei zu zerschlagen, hatte Hitler den Nationalitätenkonflikt im Sudetenland gezielt geschürt und unter Vorspiegelung der Sorge um die deutschsprachige Bevölkerung zum internationalen Konflikt eskaliert. Als im Mai 1938 Gerüchte über einen bevorstehenden Überraschungsangriff der Wehrmacht laut wurden und die tschechoslowakische Regierung eine Teilmobilmachung der Armee anordnete, schien Chamberlains Kriegsvermeidungsstrategie gescheitert. Frankreich und Großbritannien waren enge Verbündete der Tschechoslowakei, eine kriegerische Verletzung der territorialen Integrität des Staates drohte einen europäischen Konflikt auszulösen, dem sich Großbritannien nicht hätte entziehen können. Zwar blieb der Blitzangriff vorerst aus, doch Hitler versetzte die Wehrmacht in Bereitschaft und verschärfte die Tonart weiter. Krieg schien unvermeidlich.

Was dann folgte, war aber nicht etwa das Ende der Appeasement-Politik, sondern ihr Höhepunkt: Mitte September flog Chamberlain nach Deutschland und versuchte, mit Hitler persönlich eine Lösung auszuhandeln. Bei seinem ersten Treffen mit dem Diktator schöpfte Chamberlain Hoffnung: »Trotz der Härte und Rücksichtslosigkeit, die ich in seinem Gesicht zu entdecken glaubte, gewann ich den Eindruck, es hier mit einem Mann zu tun zu haben, auf dessen Wort man sich verlassen kann«, schrieb er seiner Schwester Ida.[13]

Wieder machte Chamberlain Zugeständnisse, um einen Krieg abzuwenden – die Rechnung dafür wurde der Tschechoslowakei präsentiert: Der britische Premier war bereit, Hitlers Forderung nach einer deutschen Einverleibung der Sudetengebiete zu akzeptieren. Ende September, als in London bereits Schützengräben für den Fall deutscher Luftangriffe ausgehoben wurden, einigten sich Deutschland, Großbritannien und Frankreich auf Vermittlung Italiens in München auf die Details: Das sogenannte Münchner Abkommen, in Prag treffender als

---

13 Roberts 2019, S. 25

»Diktat von München« bezeichnet, sah vor, dass die Tschechoslowakei das Sudetenland binnen zehn Tagen zu räumen und an das Deutsche Reich abzutreten hatte. Der Regierung in Prag, die nicht in die Verhandlungen eingebunden war, wurde keine andere Wahl gelassen.

Am 30. September kehrte Chamberlain nach Großbritannien zurück und ließ sich als Friedensstifter feiern. »Ich glaube, es ist ein Frieden für unsere Zeit«, rief er der jubelnden Menge vor 10 Downing Street zu. »Und jetzt gehen Sie nach Hause und schlafen Sie gut.« Im britischen Unterhaus erklärte er einige Tage später: »Es ist meine Hoffnung und Überzeugung, dass die Tschechoslowakei mit dem neuen System von Garantien größere Sicherheit genießen wird als jemals zuvor in der Vergangenheit.«[14]

Weiter daneben konnte er nicht liegen – und das war inzwischen selbst seinen engsten Parteifreunden klar geworden. Churchill verhalf diese Entwicklung indes zu politischem Aufwind. Er bezeichnete das Münchner Abkommen als »Katastrophe« und »totale und uneingeschränkte Niederlage« für Großbritannien und Frankreich und stieß mit seiner alten Forderung nach Aufrüstung auf immer mehr Zustimmung.[15] Die öffentliche Meinung begann sich zu wandeln: 15 000 Menschen demonstrierten auf dem Londoner Trafalgar Square gegen das Münchner Abkommen, immer mehr Medien kritisierten nun offen Chamberlains Appeasement-Politik.

Anfang November 1938 annektierte Ungarn, unterstützt von Hitler und Mussolini, ohne Ankündigung die südliche Slowakei. Als dann auch noch Berichte über die Novemberpogrome – staatlich organisierte Gewaltexzesse gegen die jüdische Bevölkerung im gesamten Deutschen Reich – bekannt wurden, stieg der Druck auf Chamberlain weiter, seine außenpolitische Linie endlich aufzugeben. Im März 1939 marschierte die Wehrmacht schließlich in das noch verbliebene tschechische Staatsgebiet ein und Hitler ließ schon sein nächstes An-

---

14 Ebenda, S. 25
15 Vgl. www.nationalchurchillmuseum.org/disaster-of-the-first-magnitude.html (letzter Zugriff: 1.3.2020)

griffsziel erkennen: Polen. Großbritannien und Frankreich sicherten der polnischen Republik nun in einer Garantieerklärung umfassenden Beistand im Fall eines Kriegs zu. Sechs Monate später zerbrach Chamberlains vage Hoffnung, sein Land aus einem militärischen Konflikt mit Deutschland doch noch irgendwie heraushalten zu können, endgültig.[16]

Schnittstelle im MI6

Ausgerechnet am 1. September 1939 tritt Reginald Victor Jones seine neue Aufgabe an. Es ist ein Zufall, dass sein erster Tag als wissenschaftlicher Experte für den britischen Auslandsgeheimdienst Secret Intelligence Service (SIS), auch bekannt als MI6, genau mit dem deutschen Überfall auf Polen zusammenfällt. Jones, in seinem Umfeld stets nach den Initialen seiner Vornamen R. V. genannt, soll Pionierarbeit leisten – eine wissenschaftliche Abteilung existiert im Geheimdienst zu diesem Zeitpunkt noch nicht. Die turbulenten Ereignisse und die drohende Gefahr deutscher Angriffe machen jedoch mehr als deutlich, wie dringend der Geheimdienst wissenschaftliche Expertise braucht.

Jones, gerade einmal 28 Jahre alt, hat an der Universität Oxford Physik studiert und sich nach seiner Promotion 1934 zunächst der Astronomie zugewendet. Mithilfe eines Stipendiums wollte er Forschungsaufenthalte in Kalifornien und Südafrika absolvieren, um an dortigen Observatorien infrarotspektroskopische Untersuchungen der Sonne durchzuführen. Doch dazu sollte es nicht kommen: Mit seiner Arbeit zu Infrarotdetektoren in Oxford fiel er Frederick Lindemann auf, dem Direktor des dortigen Clarendon-Laboratoriums. Der Experimentalphysiker Lindemann, ein enger Freund Winston Churchills, der später als dessen wissenschaftlicher Berater erhebli-

---

16 Roberts 2019, S. 26 f.

chen Einfluss auf die britische Kriegsführung erlangen wird, hat das Potenzial des jungen Wissenschaftlers erkannt. Lindemann ist auch Mitglied des Committee for the Scientific Survey of Air Defence (CSSAD), eines Untersuchungsausschusses zur britischen Luftverteidigung, der maßgeblich die Entwicklung und militärische Nutzung von Radartechnik vorantreibt.[17]

Über seine Vermittlung hat Jones eine Anstellung beim Luftfahrtministerium erhalten. Er sollte herausfinden, ob man mithilfe von Infrarotdetektoren die Wärmestrahlung der Motoren feindlicher Bombenflugzeuge in der Nacht aufspüren könnte. Jones' Experimente haben zwar einige interessante Ergebnisse gebracht, wurden zu seiner Enttäuschung 1938 aber gestoppt. Jones sollte schon bald weitaus größere Aufgaben übernehmen.[18]

Mit der wachsenden Wahrscheinlichkeit eines Kriegs zeigt sich immer deutlicher, wie wenig in Großbritannien über neue Waffensysteme und militärische Forschungsprogramme in Deutschland bekannt ist. Und wenn Informationen über neue Technologien durch Agenten oder andere Quellen nach London gelangen, mangelt es den Geheimdiensten an Mitarbeitern, die diese Berichte fundiert beurteilen können.

Im Februar 1939 empfahl der Chemiker und Vorsitzende des CSSAD Henry Tizard (nach ihm hieß der Untersuchungsausschuss inoffiziell auch »Tizard-Komitee«) daher die Bildung einer »wissenschaftlichen und technischen Abteilung als vorläufige Maßnahme zur Verbesserung der Zusammenarbeit zwischen Wissenschaftlern und Nachrichtendiensten«. Tizard war über die wissenschaftlichen Lücken in der nachrichtendienstlichen Arbeit alarmiert: Als Koordinator der Entwicklung britischer Radarsysteme ging er davon aus, dass deutsche Forscher an ähnlichen Projekten arbeiteten und nähere Informationen über den technischen Stand der deutschen Luftwaffe nötig waren, um wirksame Abwehrmaßnahmen vorzubereiten. In

---

17 Vgl. Cook 1999, S. 242–243
18 Vgl. Jones 2009, S. 41

anderen Worten: Es brauchte dringend wissenschaftliche Geheimdienstarbeit.[19]

Überraschenderweise stieß die Idee zunächst auf wenig Begeisterung. Der Vorschlag, das Luftfahrtministerium solle dem Secret Intelligence Service einen angesehenen und verdienten Wissenschaftler
zur Analyse von Geheimdienstberichten zur Seite stellen, wurde aus
Kostengründen abgelehnt. Auf Lindemanns Fürsprache hin brachte
Tizard den jungen R. V. Jones ins Spiel. Der Physiker stand schließlich
schon auf der Gehaltsliste des Luftfahrtministeriums – es wären also
keine zusätzlichen Ausgaben nötig. Bis eine eigene wissenschaftliche
Unterabteilung im MI6 eingerichtet wurde, sollte es aber noch dauern.
Doch der erste Schritt war getan: Jones wurde für eine Probezeit von
sechs Monaten im Geheimdienst abgestellt. Seinen ersten Auftrag
lieferte Adolf Hitler persönlich.

Aufregung um Hitlers »Geheimwaffe«

Am 19. September 1939 hält Hitler eine Rede in Danzig, in der er damit
prahlt, Deutschland habe Polen »in nur 19 Tagen zusammengeschlagen«.
Zwei Tage zuvor ist auch die Rote Armee in Polen einmarschiert – nicht
etwa, um der überfallenen Republik Hilfe zu leisten: Den Abmachun-
gen mit Berlin entsprechend, hat die Sowjetunion mit der Besetzung der
östlichen Gebiete des Landes begonnen. Hitler und Stalin haben sich
nur wenige Wochen zuvor überraschend in einem Nichtangriffspakt
gegenseitige Neutralität im Kriegsfall zugesichert – und eine Aufteilung
Polens und des Baltikums vereinbart.

Die Freie Stadt Danzig ist schon im Zuge der ersten Kampfhandlungen am 1. September von Deutschland annektiert worden. Die Eroberung der mehrheitlich deutschsprachigen Stadt, die einst Haupt-

---

19 Vgl. Goodchild 2019, S. 529

stadt Westpreußens gewesen ist, hat für die Nationalsozialisten zwar eine emotionale Bedeutung, doch Hitler hat den Generälen der Wehrmacht bei einer Besprechung der Kriegspläne im Mai klargemacht: »Danzig ist nicht das Objekt, um das es geht. Es handelt sich für uns um eine Arrondierung des Lebensraums im Osten und Sicherstellung der Ernährung.«[20]

Was das für die Bewohner der »arrondierten« Gebiete bedeutet, zeigt sich am Beispiel der Stadt unmittelbar: Danziger Nationalsozialisten haben bereits in den vergangenen Jahren Listen mit »unerwünschten Personen« angefertigt und den Platz für ein künftiges Konzentrationslager ausgewählt. Schon am 2. September werden rund 1500 jüdische und polnische Bewohner Danzigs dorthin verschleppt, viele von ihnen überleben die ersten Wochen nicht. Das Lager wird später unter dem Namen KZ Stutthof berüchtigt.[21]

In seiner mehr als einstündigen Danziger Rede rechtfertigt Hitler den deutschen Überfall auf Polen einmal mehr mit angeblichen polnischen Grenzverletzungen und Ausschreitungen gegen Volksdeutsche – Behauptungen, die ein zentraler Bestandteil der NS-Propagandastrategie der vergangenen Monate waren. Zugleich holt er zu Beleidigungen und Drohungen gegen Großbritannien und Frankreich aus, die Deutschland zwei Wochen zuvor den Krieg erklärt, sich seither militärisch aber zurückgehalten haben: Die Initiative der Alliierten ist bisher auf kleinere Scharmützel an der französisch-deutschen Grenze und einige wenig erfolgreiche Luftangriffe Großbritanniens auf militärische Ziele in Deutschland beschränkt geblieben.

Hitlers Hetzrede besteht zu weiten Teilen aus angeberischen Tiraden, doch eine Passage sorgt in London tatsächlich für erhebliche Aufregung: Sie deutet die Existenz einer mächtigen Geheimwaffe an. In einer Übersetzung der Danziger Rede, die das britische Außenministerium dem Kriegskabinett der Regierung vorlegt, heißt es, Hitler habe

---

20 Zitiert nach Overy 2009, S. 10
21 Vgl. Roberts 2019, S. 48–49

von einer unbekannten Waffe gesprochen, gegen die keine Verteidigung möglich sei – »a weapon against which no defense would avail«[22]. Zudem habe Hitler angemerkt, dass sich Deutschland auf seinen Befehl hin zwar an das Kriegsrecht halten würde, dass sich aber niemand darauf verlassen solle, dass dies auch so bleibe. Genauere Informationen über die deutsche Superwaffe habe man zur Stunde nicht, heißt es in einem geheimen Memorandum des Außenministeriums.[23]

Worauf muss man sich in Großbritannien gefasst machen? Ist das reine Prahlerei oder verfügt die Wehrmacht tatsächlich über eine Geheimwaffe, die ihre Überlegenheit sichern könnte? Neville Chamberlain alarmiert umgehend den Geheimdienst, um der Sache auf den Grund zu gehen. Dort sind bereits allerlei abenteuerliche Berichte von Informanten eingegangen, die zu wissen meinen, worum es sich bei der ominösen Waffe handelt: Eine Quelle behauptet etwa, die Deutschen hätten ein Gas entwickelt, das »einem die Gasmaske vom Gesicht brennen« würde. Ein anderer Informant will vernommen haben, es handle sich um ein mysteriöses Objekt, das jeder Soldat versteckt in seiner Hose tragen soll.[24]

Beim Geheimdienst ist man froh, auf einen neu eingestellten Wissenschaftler verweisen zu können, und so landet die Angelegenheit bei Jones. Rückblickend wird er für die ganze Aufregung dankbar sein: Anstatt unter Aufsicht seiner neuen Vorgesetzten im Hintergrund organisatorische Abläufe analysieren und strukturelle Verbesserungen ausarbeiten zu müssen, wie der Geheimdienst wissenschaftlich besser aufgestellt werden könnte, hat er seinen ersten konkreten Fall auf dem Tisch. Und er hat freie Hand: Jones erhält Zugang zu allen Geheimdienstakten und kann erstmals Bletchley Park besuchen.[25]

Dieser viktorianische Landsitz in der Grafschaft Buckinghamshire mit dem Tarnnamen »Station X«, 70 Kilometer nordwestlich von

---

22 Jones 2009, S. 64
23 Memorandum by the Secretary of State for Foreign Affairs (1939): Herr Hitler's Speech at Danzig on September 19. British National Archives, CAB 66/1/39, S. 1
24 Undatierte Erinnerungen von R. V. Jones, Churchill Archives Centre, RVJO B460
25 Vgl. Goodchild 2019, S. 529

London auf halbem Weg zwischen Oxford und Cambridge gelegen, ist eine geheime Abteilung des MI6. Dorthin sind seit Kriegsausbruch nicht nur viele geheime Akten zur sicheren Aufbewahrung gebracht worden, die Abteilung ist vor allem für die Entschlüsselung und Auswertung des deutschen Nachrichtenverkehrs zuständig. Der Geheimdienst hat dort eine Funkabhörstelle eingerichtet und ist dabei, immer mehr brillante Studenten, Mathematiker, Logiker, Sprachwissenschaftler und Historiker zu versammeln, die unter strengster Geheimhaltung verschlüsselte deutsche Funksprüche entziffern sollen. Als Jones im September nach Bletchley Park kommt, trifft er dort auch einen gewissen Alan Turing, der ebenfalls gerade erst angekommen ist: Der junge Mathematiker wird später maßgeblich dazu beitragen, den Enigma-Code zu knacken, mit dem die Wehrmacht ihren gesamten Nachrichtenverkehr verschlüsselt. Seine Arbeit wird großen Einfluss auf die frühe Computerentwicklung haben. Noch ist die Abteilung in Bletchley Park vergleichsweise überschaubar, 1939 sind dort rund 150 Personen beschäftigt. Bald sollten es Tausende sein, zum überwiegenden Teil Frauen.[26]

Jones durchforstet in Bletchley Park alle vorhandenen Hinweise auf potenzielle neue Waffentechnologien in Deutschland. Neben Berichten über angebliche Strahlenwaffen, die dem Physiker ähnlich zweifelhaft erscheinen wie die Warnung vor dem Supergas, finden sich darunter etwa Hinweise auf den Bau von Gleitbomben, neuen Torpedos und ferngesteuerten Flugzeugen. Das scheinen durchaus ernst zu nehmende Entwicklungen zu sein, als übermächtige Superwaffen, gegen die jede Verteidigung zwecklos wäre, qualifizieren sie sich aber kaum. »Je mehr ich mich durch die SIS-Akten arbeitete, desto bewusster wurde mir der Mangel an brauchbaren Informationen«, erinnert sich Jones später. »Gleichzeitig begann ich mich zu fragen: Wenn es wirklich eine Geheimwaffe geben sollte, warum hätten wir bis jetzt weder etwas davon gehört noch selbst die Idee dazu gehabt?«[27]

26 Vgl. Roberts 2019, S. 459 ff.
27 Jones 2009, S. 64

Immer wieder liest Jones eine Abschrift der Danziger Rede, allerdings nur in der Übersetzung des Außenministeriums, da er selbst nicht Deutsch versteht. Könnte ein Detail verloren gegangen sein? Um sicherzugehen, dass die Bedeutung des Texts auch wirklich exakt ins Englische übertragen worden ist, fordert Jones eine weitere Übersetzung an. Die BBC besitzt eine Tonaufnahme der Rede und der Germanist Frederick Norman vom University College London, der ebenfalls in Bletchley Park arbeitet, übersetzt den Text erneut. Er kommt zu einem etwas anderen Ergebnis. Demnach hat Hitler gesagt: »The moment could arrive very quickly, when we would employ a weapon with which we cannot be attacked.«[28]

Norman hat den Sinn der Aussage weitaus besser erfasst, im Original lautet die gesamte Passage: »England hat bereits wieder mit Lug und Heuchelei den Kampf gegen Frauen und Kinder begonnen. Man hat eine Waffe, von der man glaubt, dass man in ihr unangreifbar ist, nämlich die Seemacht. […] Man soll sich auch hier nicht täuschen: Es könnte sehr schnell der Augenblick kommen, da wir eine Waffe zur Anwendung bringen, in der wir nicht angegriffen werden können. Hoffentlich beginnt man dann nicht plötzlich, sich der Humanität zu erinnern und der Unmöglichkeit, gegen Frauen und Kinder Krieg zu führen.«[29]

Hitler hat nicht von einer »unbekannten« Waffe gesprochen, die Deutschland unbesiegbar machen würde, und er hat sich sehr viel allgemeiner ausgedrückt, als die erste Übersetzung annehmen lässt. Dieser Unterschied ermöglicht, zusammen mit dem vorangegangenen Vergleich mit der britischen Marine, eine ganz andere Interpretation: In der Rede wird keine geheime Superwaffe angedeutet, sondern es ist die deutsche Luftwaffe als Streitkraft gemeint, die durch die massive Aufrüstung der vergangenen Jahre immerhin eine der stärksten der Welt geworden ist, der britischen Air Force haushoch überlegen. Sie ist die

---

28 Ebenda

29 Hitler, Adolf (1939): Rede im Artushof in Danzig, 19. September 1939. Online verfügbar unter: www.archive.org/details/19390919AdolfHitlerRedeImArtushofInDanzig1h02m (letzter Zugriff: 3.3.2021)

»Waffe, in der wir nicht angegriffen werden können«. Der Neuigkeits-wert dieser Aussage ist gleich null.

Zu diesem Ergebnis kommt Jones in seinem ersten Abschluss-bericht, den er Mitte November 1939 zurück im Hauptquartier des MI6 in London verfasst. Von außen ist natürlich nicht ersichtlich, dass das in den 1920er-Jahren errichtete Gebäude mit der Anschrift 54 Broadway den Auslandsgeheimdienst beherbergt und auch über einen unterirdischen Zugang verfügt. Ein Schild weist die Adresse als »Minimax Fire Extinguisher Company« aus.[30] Noch während Jones dort an der Endfassung seines Berichts arbeitet, landet schon der nächste Auftrag auf seinem Schreibtisch: Wie er später in seinen Erinnerungen schreibt, übergab ihm sein Vorgesetzter Frederick Winterbotham ein kleines Paket mit den Worten: »Hier ist ein Geschenk für Sie.«[31] Es ist soeben aus Oslo eingetroffen.

---

30 Vgl. Berkeley 1994, S. 7–8
31 Jones 2009, S. 68–69

2. Kapitel:

Briefe aus Oslo

Der Inhalt des Pakets ist vor anderthalb Wochen per Post in der britischen Botschaft in Oslo eingelangt. Hector Boyes, britischer Marineattaché in Norwegen, hat die Sendung an den MI6 in London weitergeleitet. Sie besteht aus zwei auf Deutsch verfassten Briefen, die den Poststempeln zufolge am 1. und 2. November 1939 aufgegeben worden sind. In einem der Kuverts befindet sich auch eine kleine Schachtel. Ein Absender ist nicht angegeben, aber das ist in diesen Tagen keine Seltenheit. Seit Ausbruch des Kriegs landen häufig anonyme Hinweise und Warnungen bei den Geheimdiensten – brauchbar sind die wenigsten davon.

Dieses Konvolut aber macht einen professionellen Eindruck. Die sieben mit Schreibmaschine beschriebenen Seiten sind thematisch gegliedert und mit einigen technischen Zeichnungen versehen. Schon auf den ersten Blick ist zu erkennen, dass der Inhalt größtenteils wissenschaftlich-technischer Natur ist. Jones' Interesse ist geweckt und je mehr er liest, desto bemerkenswerter erscheint ihm der Inhalt. In insgesamt elf Punkten beschreiben die beiden Briefe angebliche deutsche Waffensysteme, nennen Zielsetzungen der Rüstungsforschung und Standorte von Forschungseinrichtungen.

Erstaunlicherweise werden dabei höchst unterschiedliche Themenbereiche abgedeckt: So ist etwa von Kampfflugzeugen und Radarsystemen ebenso die Rede wie von ferngesteuerten Geschossen mit Raketenantrieb, Torpedos oder einer neuen Generation von Bombenzündern. Der Autor nennt nicht nur mögliche Abwehrmaßnahmen gegen einige dieser Waffen, sondern sogar rüstungsrelevante Ziele in Deutschland, auf die sich Angriffe lohnen würden. Für Jones ist sofort klar, dass es sich hier nicht um aufgeschnappte Gerüchte eines Amateurs handeln kann. »Dieser Bericht war offensichtlich von jemandem mit einem wissenschaftlich-technischen Hintergrund verfasst worden und unterschied sich erheblich von allem, was ich bis dahin im Geheimdienst gesehen hatte«, erinnert er sich später.[32]

Ungewöhnlich ist auch die Schlussbemerkung des Berichts, der beim MI6 fortan als »Oslo-Report« bezeichnet wird. Am Ende des zweiten Briefs hat der anonyme Autor eine Bitte an die Empfänger gerichtet: Damit er sichergehen könne, dass seine Informationen in die richtigen Hände gelangt sind, möge ihm die British Broadcasting Corporation (BBC) eine geheime Empfangsbestätigung senden. Während der Krise rund um das Münchner Abkommen 1938 hat die öffentlich-rechtliche Rundfunkanstalt des Vereinigten Königreichs damit begonnen, Nachrichten auch in deutscher Sprache auszustrahlen. Im Lauf des Kriegs sollte der BBC World Service für Hörer in Deutschland und den besetzten Ländern zu einer wichtigen Informationsquelle abseits der NS-Propaganda werden. Für die deutschsprachigen Abendnachrichten am 20. November 1939 um 20 Uhr bittet der Autor des Oslo-Reports um eine kleine Änderung der Begrüßung: Anstatt mit den üblichen Worten »Hello, this is London calling« solle der Sprecher mit »Hello **Hello**, this is London calling« beginnen. Jones veranlasst umgehend die gewünschte Änderung.[33] Würde sich der Autor wieder melden?

Obwohl die Briefe bereits in der Botschaft in Norwegen geöffnet und übersetzt worden sind, macht sich Jones mit großer Vorsicht an die Untersuchung der beiliegenden Schachtel. Er weiß nicht, ob ihr

---

32 Jones 2009, S. 69
33 Vgl. Brief von Hans F. Mayer an H. Cobden Turner, 14.10.1957, Nachlass R. V. Jones, Churchill Archives Centre, RVJO B429

Inhalt bereits überprüft worden ist, und die unklare Herkunft macht ihn nervös. Könnte die ganze Angelegenheit ein Trick der Deutschen sein? »Der Inhalt stellte sich als harmlos heraus«, schreibt Jones in seinen Erinnerungen.[34] Und doch ist er dazu vorgesehen, Tod und Zerstörung zu bringen – zumindest in der richtigen Konstellation: Es handelte sich dem Aussehen nach um ein kleines elektrisches Bauteil in Röhrenform, das, wenn man dem Absender Glauben schenkt, ein zentraler Bestandteil eines neuartigen Bombenzünders ist. Die Beigabe soll als Beweis für die Echtheit der Informationen im Oslo-Report dienen. Jones übergibt sie dem Forschungslabor der britischen Marine (Admiralty Research Laboratory), um die Qualität und Funktionsweise zu evaluieren. Er selbst macht sich an die Auswertung der Briefe – und sieht sich bald mit Zweifeln und Ablehnung seiner Vorgesetzten konfrontiert.

Der Inhalt des Oslo-Reports[35] lässt sich in zwei Kategorien unterteilen. Einerseits beinhaltet er einige allgemeine Hinweise auf Planungen und Vorgänge in der Wehrmacht. Zum anderen beschreibt er detailliert technische Entwicklungen und Ziele neuer Waffensysteme, vor allem aus dem Bereich der Elektrotechnik. Beim Vergleich dieser beiden Themenfelder im Report sticht ein bemerkenswerter Unterschied ins Auge: Die allgemeinen militärischen Anmerkungen wirken oberflächlich und stellen sich bei genauerer Analyse zum Teil als falsch heraus. Die technischen Informationen hingegen zeugen von einer großen Expertise des Autors und halten auch einer kritischen Betrachtung stand.

Die inhaltliche Unausgewogenheit der beiden Informationskategorien im Oslo-Report ist aus heutiger Sicht leicht zu erkennen, kann aber auch dem MI6 mit dem Wissensstand von 1939 nicht völlig verborgen geblieben sein. Es war nicht zuletzt diese Diskrepanz, die im britischen Geheimdienst für Misstrauen sorgte. Da der Bericht aus keiner bekannten Quelle stammte, stellte sich die grundlegende Frage: Waren die In-

---

34 Jones 2009, S. 68
35 In den folgenden Unterkapiteln werden die Inhalte des Oslo-Reports zusammenfassend behandelt. Die vollständige Fassung findet sich im Anhang.

formationen glaubwürdig und möglicherweise kriegsnützlich oder das genaue Gegenteil – ein gegnerischer Trick, ersonnen, um Nazideutschland irgendwelche Vorteile zu verschaffen?

Kampfflugzeuge und ein Kriegsschiff

Der Bericht beginnt mit einer kurzen Passage über die Junkers Ju 88, ein ab 1939 produziertes Kampfflugzeug der deutschen Luftwaffe. »Ju 88 ist ein zweimotoriger Langstreckenbomber und hat den Vorteil, dass er auch als Sturzbomber verwendet werden kann. Es werden im Monat mehrere Tausend, wahrscheinlich 5000, hergestellt. Bis April 40 sollen 25 000–30 000 Bomber allein von dieser Sorte fertiggestellt sein«, heißt es im ersten Abschnitt des Oslo-Reports. Der Autor gibt anscheinend zwei wesentliche Informationen zu diesem Flugzeug preis: Es kann als Bomber auch im Sturzflug eingesetzt werden, um Ziele mit größerer Präzision anzugreifen. Und es wird in schwindelerregendem Tempo hergestellt – bis zu 5000 Stück pro Monat soll die Produktion umfassen. Diese Angaben dürften in London für Stirnrunzeln gesorgt haben.

Die Junkers Ju 88 ging tatsächlich 1939 in Serienproduktion, war aber nicht gerade ein Geheimprojekt. Der erste Testflug dieser ursprünglich als besonders schnelles Kampfflugzeug konzipierten Maschine hatte bereits 1936 stattgefunden, seither wurde die Ju 88 in der NS-Propaganda lautstark als »Wunderbomber« gefeiert. Die Existenz und Leistungsfähigkeit des Flugzeugs dürfte also niemanden im MI6 überrascht haben. Dass es 1937 zu einer Konstruktionsänderung gekommen war und die Maschine (auf Kosten der Fluggeschwindigkeit) für Angriffe im Sturzflug umgerüstet wurde, war den Alliierten zwar zunächst unbekannt, sobald es aber zu den ersten Einsätzen der neuen Version kam, war dieses Geheimnis zwangsläufig gelüftet.

Was die angeblich enorme Produktionsleistung betrifft, waren große Zweifel angebracht. Die Herstellung von 5000 Maschinen allein dieses einen Typs pro Monat schien schon angesichts der dafür benötigten Mengen an Leichtmetallen unrealistisch. Für eine solche Anzahl zweimotoriger Flugzeuge würde man zudem 10 000 Kolbenmotoren benötigen – auch das lag über der Kapazität, die der deutschen Rüstungsindustrie zuzutrauen war. In Großbritannien schätzte man die Produktionskapazität eher auf maximal 300 pro Monat. Außerdem müssten, um 5000 Bomber einsatzfähig machen zu können, monatlich 20 000 Besatzungsmitglieder ausgebildet werden: Neben dem Piloten gab es in der Ju 88 einen für die Navigation zuständigen »Beobachter«, einen Funker und einen Bordschützen. Die deutsche Luftwaffe zählte zwar zu den größten Luftstreitkräften der Welt. Ein Massentraining dieses Ausmaßes musste einem britischen Analysten 1939 aber äußerst unwahrscheinlich erscheinen.[36]

Damit schien der Anfang des Oslo-Reports eine klassische Grundvoraussetzung für geheimdienstliche Desinformation zu erfüllen. Jones erklärte diesen »alten Trick« so: »Du gibst deinem Opfer eine echte Information, von der du weißt, dass sie bereits bekannt ist, um es so von der Echtheit des restlichen Materials zu überzeugen, das aber gefälscht ist.«[37] Dass die Ju 88 als Sturzbomber eingesetzt werden sollte, war korrekt – in Großbritannien wusste man das aber im November 1939 wahrscheinlich schon: Die Luftwaffe war Ende September die ersten Einsätze mit dieser Maschine geflogen. Die Angaben zur Produktionszahl waren furchteinflößend, aber völlig überzogen. Tatsächlich wurden im gesamten Zeitraum von 1939 bis 1945 nur etwa 15 000 dieser Flugzeuge gebaut. Aber schon zu Beginn des Zweiten Weltkriegs musste die Behauptung, bis April 1940 könnte es 30 000 Ju-88-Bomber geben, als unrealistisch interpretiert werden.

Auch der zweite Punkt des ominösen Briefs wirkt bei genauerer Betrachtung wenig vertrauenerweckend. »Im Hafen von Kiel«, heißt es da, »liegt das erste deutsche Flugzeugmutterschiff. Es soll bis April 40

---

36 Sterrenburg, Frithjof A. S.: The Oslo Report 1939 – Nazi Secret Weapons Forfeited. Online verfügbar unter: www.v2rocket.com/start/chapters/peene/oslo_report.html (letzter Zugriff: 3.3.2021)
37 Jones 2009, S. 70

fertiggestellt sein und heißt ›Franken‹.« Diese Information kann einer
Überprüfung durch den MI6 nicht lange standgehalten haben: Der erste
und einzige Flugzeugträger der deutschen Marine lag zwar wirklich in
Kiel, hieß aber – und das war weithin bekannt – »Graf Zeppelin«. Der
Bau des Schiffs war sogar mit Wissen und Erlaubnis Großbritanniens
gemäß dem 1935 mit Deutschland unterzeichneten Flottenabkommen
begonnen worden. Als es Ende 1938 vom Stapel lief und von Hella
von Brandenstein-Zeppelin, der Tochter des Luftschiffpioniers Ferdinand von Zeppelin, auf den Namen ihres Vaters getauft wurde, waren
neben hochrangiger Nazi-Prominenz mehr als 100 000 Schaulustige
anwesend. Das Spektakel wurde propagandistisch ausgeschlachtet und
schaffte es sogar in die britischen Medien.[38]

Peenemünde

Dachte der Verfasser wirklich, den MI6 mit einer so leicht zu wider-
legenden Falschmeldung täuschen und Panik schüren zu können?
Der nächste Absatz des Reports passt keineswegs zu dieser Annahme,
denn er unterscheidet sich fundamental von den vorangegangenen:
Unter dem Titel »Ferngesteuerte Gleiter« wird prägnant das technische
Prinzip einer neuen und äußerst fortschrittlichen Waffentechnologie
zum Angriff auf Schiffe umrissen. »Die Kriegsmarine entwickelt ferngesteuerte Gleiter, das sind kleine Flugzeuge von etwa 3 m Spannweite
und 3 m Länge, die eine große Sprengladung tragen. Sie haben keinen
motorischen Antrieb und werden von einem Flugzeug aus großer Höhe
abgeworfen«, heißt es im Bericht. Diese Flugkörper würden einen elektrischen Höhenmesser enthalten und knapp über der Wasseroberfläche
abgefangen, um dann mittels Raketenantriebs horizontal weiterzuflie-
gen. Die Flugrichtung könne per Fernsteuerung mit Ultrakurzwellen

---

38 Vgl. etwa Ausstrahlung der britischen Nachrichtenagentur British Pathé, online verfügbar unter: www.youtube.com/watch?v=0RoPnr9ZDtI (letzter Zugriff: 5.5.2021)

vorgegeben werden, um ein gegnerisches Schiff anzufliegen: »Dort soll die Sprengladung abfallen und unter Wasser explodieren.«

Eine derartige Waffe hatte zu diesem Zeitpunkt noch niemand gesehen. Doch das Prinzip, das der Autor fachkundig erläutert, war plausibel: Es beruhte auf dem Entwicklungsstand zu Raketenantrieb und Funkfernsteuerung der vorangegangenen Jahre – und dass deutsche Wissenschaftler Fortschritte in diesen Bereichen gemacht hatten, war weithin bekannt. Der Autor bezieht sich sogar auf eine wissenschaftliche Publikation von Anfang 1939 in der amerikanischen Fachzeitschrift *Bell System Technical Journal*, um den Höhenmesser dieser zerstörerischen Flugkörper zu beschreiben. Und noch etwas führt er an: »Die Geheimnummer ist FZ 21 (Ferngesteuertes Zielflugzeug). Die Erprobungsstelle ist in Peenemünde, an der Mündung der Peene, bei Wolgast in der Nähe von Greifswald.«

Eine wissenschaftliche Expertise war dem Verfasser dieser Zeilen nicht abzusprechen und anders als die ersten beiden Punkte im Oslo-Report ließen sich die Angaben zu den ferngesteuerten Gleitern nicht so einfach als falsch zurückweisen. Theoretisch war so eine Technologie denkbar. Ob es die erwähnte »Erprobungsstelle in Peenemünde« wirklich gab, war zu diesem Zeitpunkt noch unklar, erinnerte sich Jones später: »Es war das allererste Mal, dass wir von dieser Einrichtung hörten.«[39]

Es sollte nicht das letzte Mal sein. Die streng geheime Heeresversuchsanstalt Peenemünde entwickelte sich zur größten militärischen Forschungseinrichtung Europas und war eines der ersten Beispiele für ein staatliches Megaprojekt zur Entwicklung einer neuen Militärtechnologie.[40] Dort wurden unter anderem die ersten Marschflugkörper und funktionierenden Großraketen der Welt entwickelt, Zwangsarbeiter mussten sie unter menschenverachtenden Bedingungen fertigen. Fast 1400 mit Sprengstoff bestückte Raketen des Typs Aggregat 4 (A4),

---

39 Jones 2009, S. 69
40 Vgl. Cornwell 2006, S. 181

in der NS-Propaganda »Vergeltungswaffe 2« (V2) genannt, sollten 1944 allein auf London abgefeuert werden und Tausende Zivilisten das Leben kosten.[41] Der Oslo-Report war der erste Versuch, die Aufmerksamkeit der Alliierten auf die Vorgänge in Peenemünde zu lenken.

Als Nächstes erwähnt der Oslo-Report ein weiteres ferngesteuertes Flugzeug, das angeblich unter der »Geheimnummer FZ 10 in Diepensee bei Berlin« entwickelt wurde. Auch diese Information erschien plausibel, war allerdings zu kurz und allgemein gehalten, um weitere Schlüsse daraus ziehen zu können als den einen: Die Deutschen arbeiteten offenbar an einer ganzen Reihe von ferngesteuerten Waffen. Darauf deutete auch der noch alarmierendere fünfte Punkt des Berichts hin. Hier beschreibt der Verfasser in Entwicklung befindliche »ferngesteuerte Geschosse von 80 cm Kaliber. Es wird hierbei ein Raketenantrieb verwendet, die Stabilisierung erfolgt durch eingebaute Kreisel.« Die Schwierigkeiten beim Raketenantrieb bestanden dem Autor zufolge darin, »dass das Geschoss nicht geradeaus fliegt, sondern unkontrollierbare Kurven macht. Es hat daher eine drahtlose Fernsteuerung, mit der der Abbrand des Zündsatzes der Rakete gesteuert wird. Diese Entwicklung ist noch in den Anfängen und die 80 cm Geschosse sollen später für die Maginot-Linie eingesetzt werden.«

Dass es sich bei diesem 80-Zentimeter-Geschoss mit Raketenantrieb aller Wahrscheinlichkeit nach um die ebenfalls in Peenemünde entwickelte Versuchsrakete Aggregat 5 – besser bekannt als A5 – handelte, konnte man beim MI6 im Herbst 1939 natürlich nicht ahnen. Wie Jones schon im Zusammenhang mit dem ferngesteuerten Gleiter erwähnte, war den Briten zu diesem Zeitpunkt noch unbekannt, was in Peenemünde vor sich ging. Im Rückblick ist klar, dass mit der vergleichsweise kleinen A5 das Steuerungssystem für die A4 getestet wurde. Die ersten gelenkten Flüge mit dieser Testrakete fanden im Oktober 1939 statt, also nur wenige Wochen vor der Abfassung des Oslo-Reports.[42]

---

41 Vgl. Roberts 2019, S. 674
42 Vgl. Neufeld 1999, S. 111

Obwohl Jones und Kollegen die volle Bedeutung dieses Hinweises im Herbst 1939 nicht erfassen konnten, handelte es sich um eine potenziell wichtige erste Warnung, die zumindest nicht widerlegt werden konnte: Die Deutschen experimentierten, wenn man dem anonymen Bericht Glauben schenkte, mit steuerbaren Raketen. Eine Entwicklungsstelle befand sich demnach in Peenemünde, und noch eine Warnung verbirgt sich in diesem Absatz: Der erwähnte Einsatz an der Maginot-Linie würde bedeuten, dass die Wehrmacht einen Angriff auf Frankreich plante. Benannt nach dem Politiker und mehrfachen Kriegsminister André Maginot, hatte Frankreich nach dem Ersten Weltkrieg ein Verteidigungssystem entlang der Grenze zum Deutschen Reich errichtet, um einen neuerlichen deutschen Einmarsch abwehren zu können. Die Strategie sollte sich schon bald als wenig nützlich erweisen.

Ein »lohnender Angriffspunkt«

Der nächste Punkt des Oslo-Reports ist kurz, enthält dafür aber einen überraschend konkreten Hinweis: »Rechlin. Dieses ist ein kleiner Ort am Müritzsee, nördlich Berlin. Dort befinden sich die Laboratorien und Entwicklungsstellen der Luftwaffe. Lohnender Angriffspunkt für Bomber.« Die Existenz der »Erprobungsstelle Rechlin« war den Briten bereits bekannt, die schon im Ersten Weltkrieg begründete Einrichtung spielte eine wichtige Rolle in den Aufrüstungsplänen der Nationalsozialisten. Nach Hitlers Machtübernahme 1933 flossen enorme Geldmittel nach Rechlin, die Erprobungsstelle wurde zu einer riesigen Anlage mit über 4000 Ingenieuren, Testpiloten und Mitarbeitern ausgebaut und stetig erweitert. Ab 1944 wurden dort auch Tausende weibliche Häftlinge aus einem Außenlager des KZ Ravensbrück zur Arbeit gezwungen, die wenigsten überlebten.

In Rechlin wurden im großen Stil Prototypen neuer Kampfflugzeuge getestet und verbessert, ehe sie in Serienproduktion gingen. Auch die zu Beginn des Oslo-Reports erwähnte Junkers Ju 88 wurde hier geprüft und weiterentwickelt, zudem wurden in Rechlin Radarsysteme zur Erfassung gegnerischer Flugzeuge erprobt. Dass der anonyme Verfasser die Bombardierung dieser für die Luftwaffe kritischen Infrastruktur vorschlug, dürfte aus Sicht des MI6 zumindest bemerkenswert erschienen sein. Bis die für die Luftwaffe so wichtige »Erprobungsstelle« erstmals angegriffen wurde, sollte es allerdings noch bis 1944 dauern. Sie blieb auch danach noch in Betrieb, bis ein amerikanischer Luftangriff die Einrichtung im April 1945 endgültig in Trümmer legte.

Der Bericht fährt mit einem Absatz militärtaktischen Inhalts fort, der in London als zweifelhaft und nebensächlich verbucht werden konnte. Unter dem Titel »Angriffsmethode für Bunker« wird eine angebliche Strategie der Wehrmacht beim Überfall auf Polen preisgegeben: »Die polnischen Bunkerstellungen wurden daher durch Gasgranaten vollkommen eingenebelt, wobei die Verneblung wie ein Vorhang immer tiefer in die Bunkerstellungen vorgetragen wurde. Die polnischen Mannschaften wurden so gezwungen, sich in die Bunker zurückzuziehen. Unmittelbar hinter der Verneblungswand rückten deutsche Flammenwerfer vor und nahmen vor den Bunkern Aufstellung. Gegen diese Flammenwerfer erwiesen sich die Bunker als machtlos und die Bunkerbesatzung kam entweder um oder musste sich ergeben.«

Würde Giftgas auch in diesem Krieg wieder eine Rolle spielen? Um welche Art von Gas es sich bei den Angriffen in Polen handeln soll, wird im Bericht nicht weiter ausgeführt. Deutschland hatte im Ersten Weltkrieg jedenfalls eine Vorreiterrolle beim Einsatz von auch damals völkerrechtswidrigen chemischen Waffen gespielt. Der Chemiker Fritz Haber, der ausgerechnet unmittelbar nach Kriegsende für die Herstellung von Ammoniak mit dem Nobelpreis für Chemie ausgezeichnet wurde, trieb Entwicklung und Masseneinsatz von Giftgasen entschieden voran. Der vielfach als »Vater des Gaskriegs« bezeichnete Haber war sich selbst nicht zu schade, mit einer »Spezialtruppe« an die Front zu ziehen und die Einsätze anzuleiten. Neben Deutschland und Österreich-Ungarn setzten auch Frankreich und Großbritannien im Ersten Weltkrieg Gaswaffen ein.

Wie heute bekannt ist, nutzte Deutschland im Zweiten Weltkrieg keine Giftgase im Kampf – anders bei der systematischen Ermordung von Jüdinnen und Juden, Roma und Sinti und als »lebensunwert« definierten Menschen in den Vernichtungslagern. Die im Oslo-Report geschilderte Verwendung von Gasgranaten beim Überfall auf Polen konnte 1939 nicht ausgeschlossen werden.[43]

Hightech für Hitler

Besonders bemerkenswert sind die nächsten beiden Punkte, die der Oslo-Report auflistet. Unter den Stichworten »Flieger-Warngerät« und »Flieger-Entfernungsmessgerät« liefert der Autor nicht weniger als die grundlegende Beschreibung deutscher militärischer Radarsysteme. Wie leicht zu erkennen ist, handelt es sich dabei sowohl um defensives als auch um offensives Radar: Das Flieger-Warngerät soll feindliche Flugzeuge aufspüren, die sich nähern. Mithilfe des Entfernungsmessgeräts sollen hingegen eigene Bomber im Blindflug navigiert werden, um Ziele auch bei Schlechtwetter oder in der Nacht angreifen zu können. Diese Systeme befinden sich den Angaben zufolge teils noch in Entwicklung, teils sollen sie schon in den kommenden Monaten in den operationellen Betrieb gehen.

Großbritannien arbeitete seit Jahren selbst unter Hochdruck an der Entwicklung von militärischen Radarsystemen. Dass sich auch Deutschland für derartige Technologien interessierte, muss dem britischen Geheimdienst klar gewesen sein – schließlich waren in den vergangenen Jahrzehnten viele Impulse für die Radarforschung von deutschen Wissenschaftlern gekommen. Wie weit die Wehrmacht aber schon mit konkreten Anwendungsideen gekommen war, war völlig unklar. Die detailreiche Beschreibung im Oslo-Report musste Jones und Kollegen daher stutzig machen: Der Autor wiederholte hier nichts

---

43 Vgl. Sterrenburg, Frithjof A. S.: The Oslo Report 1939 – Nazi Secret Weapons Forfeited. Online verfügbar unter: www.v2rocket.com/start/chapters/peene/oslo_report.html (letzter Zugriff: 3.3.2021)

Altbekanntes, sondern enthüllte die konkrete Funktionsweise moderner Systeme – samt Details, die Gegenmaßnahmen möglich machen könnten. Die beschriebene Technologie war neu und unterschied sich in einigen wesentlichen Punkten von den Entwicklungen in Großbritannien. Sie passte aber durchaus zum allgemeinen Forschungsstand. Das sah nicht nach Desinformation oder einem Trick aus, um den restlichen Report vertrauenswürdiger erscheinen zu lassen. Kein Land hätte im Krieg Informationen über solche Technologien geopfert, um Gegner hinters Licht zu führen. Das war Landesverrat.

Bei der Beschreibung des Frühwarnradars wird auf den ersten, ziemlich erfolglosen Luftangriff der britischen Royal Air Force (RAF) auf Wilhelmshaven am 4. September 1939 Bezug genommen, wo sich die wichtigste Werft der deutschen Kriegsmarine befand. »Bei dem Angriff der englischen Flieger auf Wilhelmshaven Anfang September wurden die englischen Flugzeuge schon 120 km vor der deutschen Küste festgestellt«, ist im Oslo-Report zu lesen. »An der ganzen deutschen Küste stehen Kurzwellensender mit 20 KW Leistung, die ganz kurze Impulse, von der Dauer 10.5 sec., aussenden. Diese Impulse werden von den Flugzeugen reflektiert. In der Nähe des Senders ist ein drahtloser Empfänger, der auf die gleiche Welle abgestimmt ist. Dort trifft also nach einiger Zeit die vom Flugzeug reflektierte Welle ein und wird mit einem Braunschen Rohr registriert. Aus dem Abstand des Sendeimpulses und des reflektierten Impulses kann man die Entfernung des Flugzeuges ersehen. Da der Sendeimpuls viel stärker ist als der reflektierte Impuls, wird der Empfänger während des Sendeimpulses gesperrt. Der Sendeimpuls wird auf dem Braunschen Rohr durch ein örtliches Zeichen markiert. In Verbindung mit dem Ju 88 Programm werden überall in Deutschland bis zum April 40 solche Sender installiert.«

Auch ein zweites defensives Verfahren wird beschrieben, mit dem sich Entfernung und Höhe von Flugzeugen sehr genau bestimmen lassen. Der Autor nennt die Wellenlänge, mit der es operiert – und gibt Empfehlungen zur Störung beider Radarsysteme ab. Dass es sich dabei um die Funkmessgeräte mit den Decknamen »Freya« und »Würzburg« handelte, die im großen Umfang von der deutschen Luftwaffe zur

Flugabwehr eingesetzt wurden, konnten Jones und seine Kollegen zu diesem Zeitpunkt noch nicht wissen.

Technische Gegenmaßnahmen ließen sich auch aus dem Abriss zum offensiven Flieger-Entfernungsmessgerät ableiten, das bei der Navigation von Bombenflugzeugen helfen sollte. Diese Informationen könnten für die Luftverteidigung Großbritanniens schon bald von großem Wert sein – massive Angriffe der Luftwaffe auf britische Ziele waren Londons größte Sorge. Dem Oslo-Report zufolge wird dieses System in Rechlin entwickelt und getestet, also in der Entwicklungsstelle der Luftwaffe, die der Autor schon zuvor als lohnendes Ziel für eine Bombardierung erwähnt hat. Noch ließ sich die Existenz der deutschen Radartechnologien nicht verifizieren – eine potenzielle Warnung hielt Jones aber nun in Händen.

Tückische Torpedos

Technisch konkret und versiert geht der Bericht auch weiter. Im nächsten und zehnten Punkt ist von zwei neuartigen Torpedotypen die Rede, die von der deutschen Kriegsmarine eingesetzt werden sollen. Bei der ersten Waffe handelte es sich demnach um einen Torpedo, der mittels Fernsteuerung in die Nähe gegnerischer Schiffe gelenkt werden konnte. Dann sollte die Waffe ihr Ziel selbstständig finden – mithilfe einer akustischen Steuerung, wie es im Bericht heißt: »Um ein Schiff wirklich zu treffen, sind am Kopf des Torpedos zwei akustische Empfänger (Mikrofone), welche einen Richtempfänger darstellen. Mit diesem Empfänger wird der Lauf des Torpedos so gesteuert, dass es von selbst auf die akustische Geräuschquelle läuft.« Die Motorengeräusche eines Schiffs würden den Torpedo also anlocken. Aber: »Mit akustischen und drahtlosen Störsignalen kann man sich verhältnismäßig leicht dagegen schützen.« Ob diese Waffe noch in Entwicklung oder bereits im Einsatz war, geht aus dem Bericht nicht hervor. Bislang war Jones und seinen Kollegen davon nichts bekannt.

Die zweite genannte Unterwasserwaffe basiert auf einem anderen Prinzip, sie funktioniert mittels eines Magnetzünders. Anders als bei herkömmlichen Torpedos und Minen, die ihre Sprengladung beim direkten Kontakt mit einem Ziel zünden, kommt es hier schon bei der Annäherung zur Detonation. Auslöser sind Veränderungen des Erdmagnetfelds, die durch die Stahlmasse des Schiffs verursacht werden und von den Torpedos registriert werden können, wie es im Oslo-Report heißt. Das habe einen klaren Vorteil: »Sie treffen nicht die Schiffswand, sondern explodieren unter dem Schiffsboden.« Die zerstörerische Wirkung eines Angriffs von unten ist weitaus höher, bei schweren Schäden am Kiel ist ein Schiff praktisch dem Untergang geweiht.

Auch hier werden im Report Überlegungen zu Gegenmaßnahmen angestellt: »Vielleicht kann man sich gegen solche Torpedos schützen, indem man längs des Schiffs ein Kabel ausspannt, etwa in Höhe des Schiffsbodens und möglichst weit von der Schiffswand entfernt. Wenn man durch dieses Kabel einen passend gewählten Gleichstrom schickt, kann man ebenfalls ein magnetisches Feld erzeugen und den gefährlichen Punkt A weit außerhalb des Schiffs verlegen. Das Torpedo wird dann zu früh explodieren. Vielleicht ist es auch möglich, durch passend gewählte Kompensationsspulen die Verzerrung des magnetischen Erdfelds durch die Riesenmassen des Schiffs zu kompensieren.«

Die magnetisch gezündeten Torpedos sind längst im Einsatz, wenn man dem Bericht Glauben schenkt. Das könnte auch einen verheerenden Zwischenfall erklären, der sich nur wenige Wochen vor Erhalt der anonymen Briefe ereignet hat. Der Autor geht davon aus, dass mit dieser Waffe die »Royal Oak« versenkt wurde. Noch ist es kaum zu schweren militärischen Konfrontationen zwischen Deutschland und Großbritannien gekommen, doch es gibt Ausnahmen. Am 14. Oktober 1939 ist es einem deutschen U-Boot gelungen, das britische Schlachtschiff »Royal Oak« aus dem Ersten Weltkrieg anzugreifen – ausgerechnet in seinem streng gesicherten Heimathafen Scapa Flow, einem Flottenstützpunkt auf den schottischen Orkney-Inseln. Nur 13 Minuten, nachdem das 190 Meter lange Schiff von Torpedos getroffen wurde, war es vollständig gesunken – und mit ihm mehr als 800 Personen, die sich nicht mehr retten konnten. Der Vorfall war ein Desaster, auch für den neuen Marineminister, den Chamberlain erst Wochen zuvor in seine Kriegsregierung berufen hatte: Winston Churchill.

Der letzte thematische Block des Oslo-Reports befasst sich mit »elektrischen Zündern für Fliegerbomben und Artilleriegeschosse«. Fliegerbomben wurden seit 1911 immer häufiger eingesetzt und boten viele Vorteile. Ihr größter Nachteil lag in der mangelnden Zielgenauigkeit. Die Wehrmacht würde statt mechanischen Zündern künftig elektrische verwenden, heißt es im Bericht. »Alle Z. (Zünder) für Fliegerbomben sind schon elektrisch.« Der Vorteil des Prinzips, das kurz erläutert wird, sei, dass die Bomben erst in sicherer Entfernung zum Flugzeug scharfgeschaltet werden. »Man kann daher mit Bomben ungefährlich landen.«

Interessanter als diese plausible, aber in London sicherlich bekannte Methode dürfte Jones und seinen Kollegen aber der experimentelle Zünder erschienen sein, der ebenfalls erwähnt wird: Es handelt sich dabei offenbar um einen in Entwicklung befindlichen Abstandszünder, der die Explosion einer Sprengladung – ähnlich wie der zuvor beschriebene Torpedo – nicht erst bei Kontakt, sondern bereits in der Nähe zu einem Ziel auslöst. An einer solchen auch in der Luftverteidigung einsetzbaren Technologie wurde in Großbritannien fieberhaft geforscht. Damit müsste man gegnerische Ziele nicht mehr direkt treffen, es würde schon reichen, mit einer Sprengladung nur in die Nähe zu kommen. Das würde Angriffe auf kleinere, bewegliche Ziele wie Flugzeuge enorm erleichtern.

Bei der kleinen Röhre, die mit dem Oslo-Report mitgeschickt wurde, handelt es sich nach Angaben des Autors um den Prototyp einer Glimmlampe, die Bestandteil dieses Zünders ist. Der zugrundeliegende Schaltkreis besteht neben der Glimmlampe aus einem Widerstand, einer Spule und zwei Kondensatoren. Die Glimmlampe ersetzt einen herkömmlichen Schalter, sodass die Bombe bei einem Aufprall nicht explodiert: Statt des Schalters bestimmt der Stromfluss, der durch den Widerstand und die Kondensatoren reguliert wird, wann die Bombe hochgeht. »Fliegt das Geschoss z. B. an einem Flugzeug vorbei, so werden die Teilkapazitäten etwas verändert, und die Lampe zündet, wodurch das Geschoss explodiert«, beschreibt der Autor des Oslo-Reports das Prinzip der neuartigen elektrischen Abstandszünder.

Desaster in Venlo

Trotz einiger offensichtlicher Falschinformationen und Ungereimtheiten erscheint Jones das Kompendium aus Oslo äußerst interessant. Die technische Expertise des Autors ist bemerkenswert. Jones steht zwar erst am Anfang seiner Arbeit für den Geheimdienst, aber die Abschnitte über die Entwicklungen ferngesteuerter Waffen und militärischer Radarsysteme in Deutschland klingen für den jungen Physiker definitiv wichtig. Viele Informationen lassen sich zwar nicht auf Anhieb überprüfen, aber aus Jones' Sicht machen sie absolut Sinn – und könnten durchaus zutreffend sein.

Bei aller gebührenden Vorsicht scheint der Oslo-Report eine Reihe wichtiger Hinweise zu enthalten. Die Wehrmacht experimentiert offenbar mit Raketen und anderen ferngesteuerten Flugkörpern sowie Torpedos und, für die von Luftangriffen bedrohte britische Insel besonders relevant: Berlin hat offenbar große Fortschritte im Bereich der militärischen Radarforschung gemacht. Darüber waren bis dato keinerlei Details bekannt. In einem späteren Bericht fasste Jones die Relevanz des Dokuments so zusammen: »Die Oslo-Quelle warnte frühzeitig und korrekt vor einer größeren Anzahl experimenteller deutscher Waffen als jede andere bisher bekannte geheime Quelle.«[44]

Auch die Überprüfung der Glimmlampe, die dem Oslo-Report beigelegt war, spricht dafür, die Sache ernst zu nehmen. Das Admiralty Research Laboratory kommt zum Schluss, dass es sich tatsächlich um den Bestandteil eines Bombenzünders handeln könnte, dessen Aufbau raffinierter ist als vergleichbare britische Entwicklungen.

---

44 Memorandum über den Wert des Oslo-Reports, Nachlass R. V. Jones, Churchill Archives Centre, RVJO B411, S. 7

Anderswo stößt der Oslo-Report allerdings auf Skepsis, Desinteresse und Ablehnung. Nach Jones' erster Auswertung wird das Dokument an drei Ministerien geschickt, doch niemand in verantwortlicher Position greift die Inhalte auf. Vielfach herrscht die Meinung, es handle sich um einen, wenn auch elaborierten, Fake der Deutschen. Im Versuch, die Gegenseite von der Echtheit des Inhalts zu überzeugen, sei man offensichtlich über das Ziel hinausgeschossen, argumentiert etwa John Buckingham, der stellvertretende wissenschaftliche Direktor der Admiralität, also jener Behörde, die für die Royal Navy zuständig war. Zum einen sei es ein uralter Geheimdiensttrick, Fälschungen mit ein paar leicht überprüfbaren echten, aber in Wahrheit wertlosen Informationen aufzuhübschen, um sie interessant erscheinen zu lassen. Zum anderen sei es völlig unwahrscheinlich, dass eine Einzelperson Zugang zu geheimen Informationen aus so unterschiedlichen Bereichen wie Flugzeugradar und Schiffstorpedos haben könnte, wie im vorliegenden Fall behauptet.[45]

Andere Skeptiker führen weitaus plumpere Argumente gegen die Authentizität des Papiers ins Treffen: nationalistische Überlegenheitsgefühle. Insbesondere Frederick Lindemann, selbst Sohn eines deutschen Einwanderers und einer britischen Mutter, hat sich ganz dem britischen Nationalismus verschrieben und lehnt jede Vorstellung ab, dass Deutschland bei der militärischen Nutzung des Radars nennenswerte Erfolge erzielt, geschweige denn die Entwicklungen britischer Wissenschaftler übertroffen haben könnte. Seiner Ansicht nach ist die technische Durchführbarkeit der im Oslo-Report beschriebenen offensiven Radar-Anwendungen sehr unwahrscheinlich – und damit stößt er auf weitgehende Zustimmung im Tizard-Komitee.

Die großen Vorbehalte dem anonym verfassten Dokument gegenüber haben aber auch noch einen anderen Grund. Nur eine Woche, nachdem der Oslo-Report in Norwegen aufgegeben worden ist, hat der britische Auslandsgeheimdienst MI6 ein beispielloses Debakel erlitten.

---

45 Jones 2009, S. 70

Eine vom deutschen Sicherheitsdienst gestellte Falle hat mit einem Schlag große Teile des britischen Agentennetzes in West- und Mitteleuropa unbrauchbar gemacht. Dass die Nerven in London seither blank liegen, darf nicht überraschen.

Eine Hauptrolle in dem folgenreichen Vorfall spielt Alfred Naujocks – jener SS-Geheimdienstmann, der Hitler nur einen Monat zuvor mit dem fingierten Angriff auf den Sender Gleiwitz die propagandistische Begleitmusik zum Überfall auf Polen geliefert hatte. Auch diesmal kam der Auftrag von SD- und Gestapo-Chef Reinhard Heydrich persönlich: Durch einen aufwendigen Trick sollten hochrangige britische Geheimdienstoffiziere entführt und nach Deutschland verschleppt werden. Schauplatz der waghalsigen Aktion sollte der kleine niederländische Grenzort Venlo werden.

Hintergrund dieser Geheimdienstoperation waren die Bemühungen der Regierung Chamberlain, hinter den Kulissen auch nach dem Überfall auf Polen noch nach einer diplomatischen Lösung des Konflikts mit Deutschland zu suchen. Chamberlains Appeasement-Politik war spektakulär gescheitert und Großbritannien befand sich nun offiziell im Krieg mit Deutschland – verhielt sich aber bislang weitgehend passiv. Der Premierminister hoffte nach wie vor, eine militärische Eskalation abwenden zu können. Berichte über Widerstand in hohen Wehrmachtskreisen gegen Hitler stießen in London auf großes Interesse. Das war auch dem deutschen Geheimdienst nicht entgangen.

Im September trat ein zwielichtiger Mittelsmann, der angeblich Kontakt zum Oberkommando der Wehrmacht herstellen wollte, in den neutralen Niederlanden an den MI6 heran. In Vorbesprechungen war von konkreten Plänen für einen Putsch gegen Hitler die Rede: Mehrere Generäle würden gegen den deutschen Angriffskrieg opponieren und sich den Zielen des NS-Regimes nicht verpflichtet fühlen. Sie würden mit den Alliierten über die Zukunft Deutschlands nach der Beseitigung Hitlers verhandeln wollen. Zwar gab es durchaus auch Zweifel an der Aufrichtigkeit dieses Anbahnungsversuchs, doch in London wollte man an eine letzte Chance glauben, das zeigen geheime Regierungsakten zu dem Fall, die erst 2009 für die Öffentlichkeit freigegeben wurden. Chamberlain gab grünes Licht für Treffen und Verhandlungen mit den aufständischen Wehrmachtsangehörigen.[46]

Tatsächlich war die ganze Angelegenheit ein Täuschungsmanöver, orchestriert von der SS. Mehrmals kam es nun in den Niederlanden zu Begegnungen zwischen MI6-Offizieren und angeblichen Vertretern der Wehrmacht, die in Wirklichkeit SD-Agenten waren und jeden Schritt mit Heydrich in Berlin abstimmten. Schließlich versprach die deutsche Seite ein Treffen mit einem General in Venlo, unmittelbar an der Grenze zu Deutschland.

Die in den Niederlanden stationierten MI6-Offiziere Sigismund Payne Best und Richard Henry Stevens kannten den Verabredungsort, sie hatten schon in den vergangenen Wochen vermeintliche deutsche Emissäre in Venlo getroffen. Als sie am 9. November 1939 in Begleitung des niederländischen Geheimdienstoffiziers Dirk Klopp und eines Fahrers beim nur wenige Meter von der Grenze entfernten Café Backus eintrafen, wartete kein Vertreter des deutschen Oberkommandos auf sie. Alfred Naujocks und seine SS-Schergen überwältigten die Männer blitzartig, nur Sekunden später saßen Best, Stevens und ihr Fahrer gefesselt in einem Auto auf der deutschen Seite der Grenze. Klopp wurde von einem der Angreifer erschossen.

Für London ist die Entführung ein Fiasko, für Berlin ein Propagandacoup. Am Vorabend der Entführung, dem 8. November, ist Hitler nur knapp einem Anschlagsversuch im Münchner Bürgerbräukeller entkommen. Eine Bombe mit Zeitzünder war nur Minuten, nachdem er das Gebäude verlassen hatte, explodiert. Nun präsentierte Hitler Best und Stevens und damit letztlich die Regierung des Vereinigten Königreichs der deutschen Öffentlichkeit als Drahtzieher des Attentats, um die antibritische Stimmung anzuheizen. Dass diese in Wahrheit nicht das Geringste mit dem Anschlag zu tun hatten und die Bombe vom

---

46 The National Archive (1939): Venlo incident. FO 371/23107/19335, online verfügbar unter: https://discovery.nationalarchives.gov.uk/details/r/C6429165?descriptiontype=Full&ref=FO+371/23107/item (letzter Zugriff: 3.3.2021)

deutschen Antifaschisten Georg Elser im Alleingang gelegt worden war, spielte keine Rolle.[47]

Abgesehen vom Propagandawert lieferte die Entführung dem deutschen Sicherheitsdienst aber auch handfeste Informationen über das britische Agentennetz in Europa. Best und Stevens kannten viele Namen und Details. Was genau die Gestapo aus ihnen herauspressen konnte, ehe sie im Konzentrationslager Sachsenhausen interniert wurden, ist nicht gesichert. Beim MI6 musste man aber vom Schlimmsten ausgehen – und hat eine Lehre daraus gezogen: Informationen aus ungesicherten deutschen Quellen kann gar nicht genug misstraut werden.[48]

---

47 Auch aus britischen Regierungsakten geht hervor, dass London guten Glaubens in die Verhandlungen mit den vermeintlich widerständigen Wehrmachtsangehörigen ging und nichts mit Elsers Anschlagsversuch zu tun hatte.

48 Die entführten Geheimdienstoffiziere Best und Stevens überlebten die KZ-Haft und wurden 1945 befreit. Best erzählte seine Version der Geschichte in dem 1950 erstmals erschienenen Bestseller *The Venlo Incident*.

3. Kapitel:
Der Himmel über England

Während sich Jones in die Inhalte des Oslo-Reports vertieft, herrscht angespannte Ruhe an der Westfront. Frankreich und Großbritannien haben Deutschland zwar den Krieg erklärt und damit formal ihre Beistandsverpflichtung gegenüber Polen erfüllt. Auf konkrete Hilfe hat das überfallene Land jedoch umsonst gewartet. Mitte September 1939 hat die Sowjetunion mit der Besetzung Ostpolens begonnen, die Aufteilung des Landes in deutsche und sowjetische »Interessensphären« ist im Hitler-Stalin-Pakt vereinbart worden. Polens letzte Hoffnung, ein alliierter Angriff auf die schlecht gesicherte deutsche Westgrenze, der Entlastung bringen könnte, ist endgültig dahin. Das französische Heer verharrt, obwohl zahlenmäßig weit überlegen, hinter der Maginot-Linie in Verteidigungsposition: Oberbefehlshaber Maurice Gamelin überschätzt die Stärke der Wehrmacht und will das Risiko massiver deutscher Luftangriffe auf Frankreich nicht eingehen. Großbritannien hat zwar Verstärkung auf das Festland geschickt und bereitet sich ebenfalls auf Angriffe der deutschen Luftwaffe vor, doch die große Konfrontation bleibt vorerst aus.

Als »Sitzkrieg« – auf Englisch »phoney war« (Scheinkrieg), »drôle de guerre« (seltsamer Krieg) auf Französisch – wird diese Phase in die Geschichte eingehen. Über Monate hinweg passiert im Westen kaum etwas, der Krieg wird vorwiegend propagandistisch ausgetragen. Die

Bewohner Großbritanniens und Frankreichs erleben diese Zeit vielfach als unwirklich, fast schlafwandlerisch. Das Alltagsleben geht weiter, die Londoner Pubs und die Pariser Restaurants sind gut besucht wie eh und je. Gefährlich ist nur der Nachhauseweg: Zum Schutz vor nächtlichen Luftangriffen gelten in den Städten Verdunkelungsmaßnahmen, die Zahl der Verkehrsunfälle durch fehlende Beleuchtung steigt dramatisch.[49] »Die ganze große Stadt war hell beleuchtet wie ein Märchenland, sie blendete bis in den Himmel hinauf, und dann, als der Schalter umgelegt wurde, verdunkelte sich ein Gebiet nach dem anderen, der blendende Schein wurde zu einem Flickwerk aus Lichtern, die hier und dort gelöscht wurden, bis ein letztes übrig blieb und auch ausging«, beschreibt die Journalistin Mea Allan einen Abend in London im *Glasgow Herald* und sieht darin ein »angstvolles Omen« für das, was noch kommen sollte.[50]

Auf See ist von einem Scheinkrieg indes keine Rede. Schon wenige Stunden nach Londons Kriegserklärung greift ein deutsches U-Boot das britische Passagierschiff »Athenia« im Atlantik an, 112 Menschen sterben. Ziel der deutschen Kriegsmarine ist es, Großbritannien von seinen überlebenswichtigen Handelsverbindungen abzuschneiden. Am 14. September versenkt die Royal Navy erstmals ein deutsches U-Boot. Es ist der Auftakt eines langen und aufreibenden Seekriegs. Allein bis Jahresende 1939 verliert Großbritannien Schiffe mit insgesamt 422 000 Bruttoregistertonnen[51], Deutschlands Verluste betragen 224 000. Tausende Menschen sterben.[52]

An der Spitze der britischen Kriegsmarine steht nun wieder Winston Churchill, der das Amt des Marineministers (First Lord of the Admiralty) bereits 1911 bis 1915 innegehabt hat. Der begnadete Rhetoriker, den sein Parteikollege Chamberlain nicht länger ignorieren konnte

---

49 Beevor 2012, S. 40
50 Zitiert nach Goodall, Felicity (2009): Life during the blackout. In: The Guardian, 1.11.2009. Online verfügbar unter: www.theguardian.com/lifeandstyle/2009/nov/01/blackout-britain-wartime (letzter Zugriff: 9.5.2021)
51 Die Bruttoregistertonne ist eine veraltete Maßeinheit für die Größe von Handelsschiffen.
52 Vgl. Roberts 2019, S. 63

und in sein Kriegskabinett geholt hat, schlägt schon bei seinem Amtsantritt einen selbstbewussten und kämpferischen Ton an, den der Appeasement-Premierminister nach Ansicht vieler vermissen lässt: »Wir kämpfen, um die ganze Welt vor der Pestilenz der Nazi-Tyrannei zu bewahren und in Verteidigung dessen, was den Menschen heilig ist«, lässt Churchill in einer Radioansprache wissen.[53]

»Er weckt das Vertrauen der Menschen und ihren Kampfgeist am besten«, schreibt die *New York Times* Anfang Oktober über Churchill. James Reston, Korrespondent der Zeitung in London, sieht in Churchill »die anregendste Figur in Großbritannien« und den »wahrscheinlichen Nachfolger des 71-jährigen Chamberlain« als Premierminister. Nach all den Jahren, in denen Churchill eindringlich vor der Gefahr des Nationalsozialismus gewarnt habe und als Kriegstreiber hingestellt worden sei, würden nun immer mehr Menschen seine Haltung teilen.[54]

Als Restons Artikel erscheint, ist die Eroberung Polens schon abgeschlossen. Hitlers größte Befürchtung ist nicht eingetreten: Ein alliierter Angriff auf die deutsche Westgrenze, während große Teile der Wehrmacht in Polen gebunden waren, ist nicht erfolgt. Großbritannien und Frankreich haben durch ihre Passivität eine große Chance verpasst. Sofort werden nun alle verfügbaren deutschen Kräfte dorthin beordert, Verteidigung ist freilich nicht das Ziel. Während Hitler Großbritannien und Frankreich ein »Friedensangebot« macht, nehmen im Hintergrund die Pläne für die deutsche Invasion der westlichen Nachbarländer Gestalt an. Um Großbritannien ausschalten zu können, sollen zunächst Frankreich und die neutralen Benelux-Staaten unterworfen werden. Hitler will so schnell wie möglich losschlagen, seine Generäle zögern. Der ursprünglich bereits für November festgesetzte Angriff wird über Monate immer wieder verschoben – auch weil die

---

53 Radioansprache am 3.9.1939, zitiert nach Kielinger 2017, S. 231

54 Reston, James (1939): CHURCHILL AWAKENS BRITONS; Of All Leaders He Best Rouses the Confidence Of the People and Their Fighting Spirit. In: The New York Times, 8.10.1939, S. 79. Online verfügbar unter: www.nytimes.com/1939/10/08/archives/churchill-awakens-britons-of-all-leaders-he-best-rouses-the.html?searchResultPosition=19 (letzter Zugriff: 9.5.2021)

Wetterlage einen Großeinsatz der Luftwaffe nicht zulässt. Der seltsame Krieg dauert an.

»Der Winter des Scheinkrieges gab mir Zeit, Kontakte mit den verschiedenen nachrichtendienstlichen Stellen zu knüpfen«, schreibt R. V. Jones später in seinen Erinnerungen. »Es gab relativ wenig Luftaktivität.«[55] Wie lange würde das noch so bleiben? In Gesprächen, Berichten und Geheimdienstprotokollen taucht vor allem eine Technologie immer wieder auf, der Jones nicht erst seit dem Oslo-Report besondere Aufmerksamkeit schenkt: Radar.

Radar – eine Revolution in Wellen

Die Grundprinzipien des Radars sind schon ein halbes Jahrhundert vor dem Wettrennen um seine Nutzung im Zweiten Weltkrieg entdeckt worden – in Deutschland. Dem Physiker Heinrich Hertz ist 1886 der erste experimentelle Nachweis von elektromagnetischen Wellen gelungen, deren Existenz der Schotte James Clerk Maxwell zwei Jahrzehnte zuvor vorausgesagt hatte. In seiner 1888 veröffentlichten Abhandlung »Über Strahlen elektrischer Kraft« beschrieb Hertz die Eigenschaften elektromagnetischer Wellen und wurde damit zum Begründer der Hochfrequenz- und Funktechnik. Mit seiner Entdeckung, dass Radiowellen an metallischen Körpern reflektiert werden, legte Hertz auch den Grundstein für das Radar. Selbst sollte er diese Anwendung aber nicht mehr erleben.

Der heute im Englischen wie im Deutschen gängige Begriff Radar wurde eigentlich erst 1940 von der US-Navy eingeführt. Er steht für *radio detection and ranging*, also Funkermittlung und Entfernungsmessung. In Großbritannien wurde die Technik zunächst als RDF bezeichnet, ein Akronym für *radio direction finding*. Das deutsche Radar

---

55 Jones 2009, S. 84

wiederum wurde ursprünglich Funkmesstechnik, kurz Funkmess, genannt. Im Folgenden wird für die technologischen Entwicklungen da wie dort zumeist der Name Radar verwendet, der sich letztlich durchgesetzt hat.

Hertz gelang nicht nur der Nachweis von elektromagnetischen Wellen, er konnte auch ihre Wellenlänge, Ausbreitungsgeschwindigkeit und grundlegenden Eigenschaften bestimmen. Mit seiner Entdeckung, dass es sich auch bei Licht um elektromagnetische Wellen handelt, trug er wesentlich zur Vervollständigung der klassischen Physik bei – und schuf einen der Ausgangspunkte für die Entwicklung der modernen Physik. Bis heute bilden elektromagnetische Wellen zudem die Grundlage für rasche Informationsübertragung.

Im Jahr 1904, zehn Jahre nach Hertz' Tod, präsentierte der gerade einmal 22-jährige deutsche Erfinder Christian Hülsmeyer der Weltöffentlichkeit zum ersten Mal ein funktionsfähiges radartechnisches Gerät. Sein sogenanntes Telemobiloskop ermöglichte ein »Verfahren, um entfernte metallische Gegenstände mittels elektrischer Wellen einem Beobachter zu melden«, wie es in der Patentschrift heißt, die Hülsmeyer noch im selben Jahr einreichte.[56] Genau genommen war Hülsmeyers Erfindung noch kein vollständiges Radar – das Telemobiloskop konnte Objekte detektieren, aber ihre Entfernung nicht messen. Doch der junge Unternehmer tüftelte bereits an Verbesserungen seiner Apparatur, die genau das ermöglichen sollten.

Das Telemobiloskop bestand aus jeweils einer Sende- und Empfangsantenne, einer stromdurchflossenen Spule zur Erzeugung hochfrequenter Wellen und einem Empfänger zu deren Detektion, wenn sie durch ein metallisches Objekt zurückgeworfen wurden und wieder eintrafen. Eine Klingel im Telemobiloskop bestätigte den Eingang, mithilfe einer weiteren Einrichtung konnte auch die Richtung angezeigt werden, aus der die reflektierten Wellen kamen.[57]

---

56 Patentschrift Nr. 165546. Online verfügbar unter: https://worldwide.espacenet.com/patent/search?q=pn%3DDE165546 (letzter Zugriff: 9.5.2021)
57 Vgl. Wolfschmidt 2007, S. 305

Wie Hülsmeyer in mehreren aufsehenerregenden Vorführungen zeigen konnte, ließen sich mit dem Telemobiloskop Schiffe über mehrere Kilometer hinweg registrieren. Doch trotz internationaler Presseberichte über seine Erfindung stieß die Idee, das Gerät zur Vermeidung von Kollisionen in der Schifffahrt einzusetzen, auf kein kommerzielles Interesse. Hülsmeyer war seiner Zeit voraus. Nur wenige Jahrzehnte später begannen immer mehr Länder, das enorme Potenzial des Radarprinzips für sich zu entdecken – nicht zuletzt für das Militär.

Das Grundprinzip dahinter war stets dasselbe: Das Radargerät sendet gebündelte elektromagnetische Wellen im Radiofrequenzbereich aus. Im Vergleich zu Licht haben Radiowellen eine viel größere Wellenlänge, das bedeutet, dass der Abstand zwischen zwei Wellenbergen viel größer ist. Die Funksignale werden durch hochfrequente Wechselspannung erzeugt – je mehr Spannungswechsel pro Sekunde erzeugt werden, desto höher die Frequenz der Wellen. Um ein Objekt in der Ferne aufzuspüren, werden die Radiowellen in Richtung dieses Objekts gesendet. Vom aufzuspürenden Objekt wird ein Teil der Wellen reflektiert, sodass das Echo vom Sender wieder eingefangen werden kann.

Eine der Herausforderungen bei der Entwicklung leistungsstarker Radargeräte bestand darin, möglichst hohe Energie zu erzielen. Wie Albert Einstein bereits 1905 bei seiner Erklärung des photoelektrischen Effekts festgestellt hatte, ist die Energie von elektromagnetischen Wellen direkt proportional zu deren Frequenz. Die Wellenlänge ist hingegen indirekt proportional zur Frequenz. Um eine bessere Auflösung zu erzielen, bedarf es kürzerer Wellenlängen und damit höherer Energien – diese zu erreichen war gerade bei mobilen Radargeräten keine einfache Aufgabe. Radiowellen, die im Hörfunk eingesetzt werden, haben eine Wellenlänge von vielen Metern. Um aber Details eines detektierten Objekts ausnehmen zu können, bedarf es Wellenlängen im Zentimeterbereich.

Ein weiteres physikalisches Phänomen, das bei der Entwicklung des Radars eine wichtige Rolle spielte, ist der Doppler-Effekt. Bereits Mitte des 19. Jahrhunderts hatte der Mathematiker und Physiker

Christian Doppler bei der Beobachtung von Doppelsternen herausgefunden, dass ein Beobachter, der sich relativ zu einem Wellensender bewegt, eine andere Frequenz registriert als jene, die tatsächlich von der Quelle ausgesendet wird. Wenn sich Sender und Empfänger aufeinander zubewegen, erscheint dem Beobachter die Frequenz erhöht. Bewegt sich der Sender hingegen weg vom Empfänger, erscheint diesem die Frequenz verringert. Bei Radarsystemen kann der Doppler-Effekt dafür genutzt werden, festzustellen, ob sich ein detektiertes Objekt bewegt. In weiterer Folge wurde sogar die Bestimmung der Geschwindigkeit per Radar möglich.

Im Verlauf der 1920er- und 1930er-Jahre wurden große Fortschritte in der Radarentwicklung in unterschiedlichen Bereichen gemacht, das Potenzial für militärische Anwendungen rückte immer mehr ins Zentrum der Forschung. Speziell für die letzten Jahre vor dem Zweiten Weltkrieg ergibt sich im Nachhinein betrachtet das Bild eines geheimen radartechnologischen Wettrennens, vor allem zwischen Deutschland und Großbritannien. Interessanterweise wussten aber weder die beteiligten Wissenschaftler und Ingenieure noch die Entscheidungsträger in Politik und Militär zu dieser Zeit darüber Bescheid, auf welchem Entwicklungsstand sich die gegnerische Seite befand. Obwohl die wissenschaftlichen Grundlagen für das Radar gemeinhin bekannt waren, herrschte in beiden Ländern die Annahme vor, dem anderen weit voraus zu sein.

In Großbritannien wurde angesichts der deutschen Aufrüstung, speziell der Luftwaffe, 1934 der schottische Physiker Robert Watson-Watt mit Untersuchungen beauftragt, wie Radar für das Militär nutzbar gemacht werden könnte. Der Leiter des National Physical Laboratory befasste sich schon lange mit der Hochfrequenzforschung und setzte Radiowellen in der Meteorologie ein. Nun wurde er vom Tizard-Komitee gefragt, ob es denkbar wäre, feindliche Flugzeuge mittels Radars anzugreifen und zum Absturz zu bringen. Gerüchten zufolge wurde in Deutschland an elektromagnetischen »Todesstrahlen« gearbeitet.

Watson-Watt konnte schnell zeigen, dass eine solche Waffe zumindest auf absehbare Zeit nicht realistisch war. Selbst wenn man hochenergetische Radiowellen erzeugen und auf ein Flugzeug lenken könnte, würden diese nicht absorbiert, sondern reflektiert werden. Er machte aber prompt einen Gegenvorschlag: Im Februar 1935 legte Watson-Watt ein Memorandum vor, das als Geburtsurkunde des britischen Radars gelten kann. In »Detection and Location of Aircraft by Radio Methods« schlug der Physiker ein System zur Ortung von Flugzeugen mithilfe von Radiowellen vor.[58]

Die Idee stieß auf großes Interesse – in der Regierung wie beim Militär. Als Watson-Watt und sein Kollege Arnold Wilkins bei einer ersten Demonstration im Februar 1935 tatsächlich ein britisches Flugzeug aus der Ferne per Radar entdeckten, wurde der Entwicklung eines Radar-Frühwarnsystems hohe Priorität eingeräumt. Auch Winston Churchill, der von der Regierung in einen eigens gegründeten Unterausschuss (Committee of Imperial Defence) einbezogen wurde, war von Anfang an von der Notwendigkeit des Radars für die Verteidigung Großbritanniens überzeugt. Schon 1935 erklärte er vor dem Unterhaus: »Das Problem ist weitgehend wissenschaftlich, und zwar handelt es sich darum, Methoden zu finden und zu erproben, durch die von der Erde aus die Herrschaft über die Luft errungen werden kann, durch die man von der Erde aus Flugzeuge, die hoch in der Luft fliegen, wirksam bekämpfen kann, ja den Luftraum zu beherrschen vermag. Ich habe bei solchen Fragen die Erfahrung gemacht, dass die Wissenschaftler und Techniker stets eine Lösung von Aufgaben finden, die ihnen von militärischen und politischen Stellen klargestellt wurden.«[59]

Enorme finanzielle Mittel wurden eingesetzt, um ein System aus Radarstationen entlang der britischen Süd- und Ostküste zu errichten. Die ersten Standorte der sogenannten Chain Home wurden 1937 gebaut und schon während der Sudetenkrise 1938 in Betrieb genommen. Zu Kriegsbeginn 1939 war die Radarkette bereits deutlich erweitert und wurde laufend ergänzt. Das System war zwar fehleranfällig und er-

58 Vgl. Süsskind 1985
59 Zitiert nach Hermann, Sang 1992, S. 382

reichte keine große Auflösung, es arbeitete mit Wellenlängen von zehn bis zwölf Metern, doch die Chain Home schaffte bald die grobe Überwachung großer Teile der britischen Küste, die Reichweite des Frühwarnsystems lag bei 200 Kilometern. Bald kam als Ergänzung die Chain Home Low hinzu, die elektromagnetische Impulse mit einer Wellenlänge von 1,5 Metern aussendete. Kein anderes Land verfügte zu diesem Zeitpunkt über derartig umfangreiche Radaranlagen. Zudem wurde intensiv an der Entwicklung von Radargeräten für Schiffe und Flugzeuge im Zentimeterwellenbereich gearbeitet, die die Ortung kleinerer Objekte erlauben und zur Navigation eingesetzt werden sollten. Parallel dazu entwickelte die Royal Air Force ein Luftverteidigungskonzept, das auf die Nutzung der defensiven Chain Home abgestimmt war: Die Radar-Informationen sollten zentral verarbeitet und die Kommunikationsabläufe optimiert werden, um auf eindringende feindliche Flugzeuge schnellstmöglich reagieren zu können.

Geschwindigkeit und Koordination sollten im Kriegsfall der Schlüssel für eine erfolgreiche Verteidigung der britischen Inseln gegen die zahlenmäßig übermächtige deutsche Luftwaffe werden, hoffte man in London. Man hatte früh erkannt, dass die Technologie allein nicht alles war: Der Nutzen von Radarsystemen hing davon ab, wie rasch sich die gewonnenen Informationen auswerten und in eine Reaktion umwandeln ließen. Die frühe Unterstützung des britischen Radarprojekts durch die Regierung und die militärische Führung, aber auch die zentralisierte Organisation von Forschung und Entwicklung sollten sich dabei als enorme Vorteile herausstellen. In Deutschland konnte von solchen Bedingungen keine Rede sein.

Deutsche Wissenschaftler und Ingenieure hatten zwar ebenfalls große Fortschritte auf dem Gebiet der Funktechnik gemacht – und die Entwicklungen ihrer Kollegen in Großbritannien teilweise übertroffen, aber es fehlte einerseits an einem koordinierten Plan für die Entwicklung und Nutzung, andererseits hatten die Wissenschaft und die Organisation großer Forschungsprojekte gegenüber der NS-Ideologie zunehmend das Nachsehen. Deutschland war eine Wissenschaftsnation von Weltrang, mit der Machtübernahme der Nationalsozialisten 1933 hatte aber ein beispielloser Niedergang eingesetzt. Wie alle gesellschaftlichen Bereiche sollten auch Wissenschaft und Technik der NS-Ideologie unterworfen werden und dem Aufbau eines »neuen, arischen Deutschlands« dienen. Der fanatische Nazi Bernhard Rust, der es vom Gymnasiallehrer zum Reichsminister für Wissenschaft gebracht hatte, fasste die Haltung des Regimes so zusammen: »Unsere Gleichschaltung bedeutet, dass die neue deutsche Weltanschauung als schlechthin gültige die beherrschende Stellung gegenüber allem anderen einnehmen soll.«[60] Die Vertreibung und Verfolgung jüdischer und politisch missliebiger Menschen traf auch wissenschaftliche und technische Institutionen unmittelbar, die Rassen- und Gleichschaltungspolitik machte auch vor Nobelpreisträgern nicht halt.

Hitler selbst, der den Naturwissenschaften zeit seines Lebens mit Desinteresse bis Abneigung begegnete und dessen »technischer Horizont mit dem Ersten Weltkrieg«[61] endete, wie es Albert Speer, Hitlers Chefarchitekt und späterer Rüstungsminister ausdrückte, zeigte wenig Interesse an innovativer Forschung. Gleichzeitig entstand im NS-Staat ein polykratisches System aus unterschiedlichen Institutionen und Interessengruppen, die sich permanent gegenseitig bekämpften und um Macht und Einfluss konkurrierten. Die Kompetenzen verschiedener Instanzen der NSDAP, der SS, der Wehrmacht und der Industrie überschnitten sich in vielen Bereichen. Ergebnisse dieser ausgeprägten Rivalität waren nicht nur eine vorauseilende Selbstradikalisierung, sondern vielfach auch große Ineffizienz und Ressourcenverschwendung. Die Streitkräfte der Wehrmacht – Heer, Kriegsmarine und Luftwaffe – verfolgten jeweils eigene Rüstungsprogramme und konkurrierten miteinander um Finanzierung und Ressourcen. Dementsprechend darf es nicht überraschen, dass alle drei Teilstreitkräfte eigene Radarentwicklungen vorantrieben, ohne sich miteinander abzusprechen.

---

60 Cornwell 2006, S.282
61 Speer 2005, S. 246

Als im September 1935 das erste militärische Funkmessgerät zur Ortung von Schiffen eindrucksvoll vorgeführt wurde, war man bei der Reichsmarine vom Potenzial des Radars für den Seekrieg überzeugt. Die Luftwaffe wurde darüber jedoch trotz offensichtlicher Relevanz für die Luftfahrt nicht informiert. Die getestete Technologie, die auf einer Wellenlänge von 50 Zentimetern arbeitete, war maßgeblich von Rudolf Kühnhold entwickelt worden, der die Nachrichten-Versuchsabteilung der Marine in Kiel leitete und ein eigenes Unternehmen für militärische Elektroniksysteme mitgegründet hatte: die Gesellschaft für elektroakustische und mechanische Apparate, kurz GEMA. Sie sollte in den kommenden Jahren eine wichtige Rolle in der deutschen Radarentwicklung spielen. Die Marine entschied nach der erfolgreichen Demonstration, das Verfahren weiterzuentwickeln.

Auch in der Erprobungsstelle der Luftwaffe in Rechlin wurde daran geforscht, Radiowellen für den Krieg nutzbar zu machen. Seit 1934 leitete dort der Physiker Johannes (Hans) Plendl die Abteilung für Funkforschung und arbeitete daran, Flugzeuge mithilfe von Leitstrahlen an ihr Ziel zu führen. Das Grundprinzip war dabei folgendes: Sendestationen sollten Leitstrahlen ausschicken, denen der Pilot eines Bombenflugzeugs folgen konnte, um selbst bei schlechter Sicht oder Dunkelheit über ein gewünschtes Areal zu gelangen. Um ein Angriffsziel zu markieren, sollten die Leitstrahlen dann mit Signalstrahlen gekreuzt werden. Der Fokus lag also nicht auf dem Aufspüren feindlicher Flieger, sondern auf der Zielfindung im Blindflug. Plendls Funknavigationsverfahren sollte es deutschen Bombern ermöglichen, auch bei Nacht und Nebel effektiv angreifen zu können.[62]

Auf Grundlage von Kühnholds Arbeiten wurde von der GEMA zudem ein defensives Frühwarnsystem zur Ortung von Flugzeugen entwickelt: »Freya«, benannt nach der nordischen Göttin, wurde 1937 erstmals getestet und war das deutsche Gegenstück zur Chain Home. Technisch war es weiter entwickelt und weniger fehleranfällig als die

---

62 Vgl. Cornwell 2006, S. 310

Radarkette an der britischen Küste, doch es war zu Kriegsbeginn nicht in vergleichbarem Umfang einsatzbereit. Von einer lückenlosen Überwachung konnte keine Rede sein – und die auf Angriff eingestimmte deutsche Führung hatte auch keine Eile mit defensiven Maßnahmen. An der Spitze der Luftwaffe herrschten mitunter auch überhebliche Ignoranz und Technikfeindlichkeit. So antwortete deren Oberbefehlshaber Hermann Göring 1943 auf die Kritik, dass es für Deutschland nützlicher wäre, Wissenschaftler nicht an die Front zu schicken, sondern forschen zu lassen: »Wir haben nicht zu wenig Arbeiter und Ingenieure, sondern zu wenig Hirnkasten (...) Ich habe mir die Apparate oft angesehen. So überwältigend sieht solch ein Ding doch gar nicht aus; es sind lauter Drähte und noch etwas, und der ganze Apparat ist sowieso merkwürdig primitiv.«[63]

Auch andere zivile deutsche Unternehmen wie Telefunken, Lorenz und Siemens arbeiteten an diversen Projekten zur Funkortung, häufig auf eigene Initiative. Telefunken entwickelte etwa zunächst ohne Anstoß oder Finanzierung des Militärs das sogenannte »Würzburg«-Gerät, das auf einer Wellenlänge von 50 Zentimetern arbeitete und Richtung, Entfernung und Höhe eines Ziels messen konnte. Es sollte später in großem Umfang in der Flugabwehr eingesetzt werden. Anders als in Großbritannien setzte man in Deutschland aber zunächst nicht darauf, Systeme mit noch kürzerer und besserer Auflösung zu entwickeln, sondern konzentrierte sich auf die Verbesserung und Massenproduktion der bereits entwickelten Geräte.[64] Aufträge von offizieller Seite kamen im Vergleich zu Großbritannien insgesamt spät, die deutschen Fortschritte in Sachen Reichweite und Präzision des Radars waren zu Beginn des Kriegs dennoch groß.[65]

Der erfolgreiche Einsatz im Krieg würde jedoch nicht allein von technischen Details abhängen, wie Winston Churchill später prägnant zusammenfasste: »Die Deutschen wären nicht überrascht gewesen,

---

63 Zitiert nach Hermann, Sang 1992, S. 396
64 Vgl. Flachowsky 2005, S. 210
65 Vgl. Hermann, Sang 1992, S. 388

wenn sie die britischen Radargeräte gekannt hätten, denn sie hatten ein technisch vorzügliches Radarsystem, das in mehreren Hinsichten dem unsrigen überlegen war. Was sie aber überrascht haben würde, das war die umfassende Art und Weise, mit der wir unsere Entdeckungen praktisch verwendet und eng mit unserem allgemeinen Fliegerabwehrsystem verbunden hatten. (…) Die britische Leistung beruhte eher auf der wirksamen operativen Verwendung der Erfindung als auf der Originalität der Apparatur.«[66]

Bei allen Unterschieden in der Entwicklungsgeschichte des Radars zwischen Deutschland und Großbritannien gab es auch eine bemerkenswerte Parallele: In beiden Ländern ging man zunächst davon aus, dass die Gegenseite entweder keine militärischen Radarsysteme hatte oder deren Technologien den eigenen deutlich hinterherhinkten. Die Entwicklungen erfolgten in beiden Ländern unter strengster Geheimhaltung, doch die physikalischen Grundlagen des Radars waren weithin bekannt. Warum also sollten Forscher nur in einem Land auf die Idee kommen, das Radar militärisch zu nutzen?

Auf britischer Seite fußte diese Auffassung, wie sich auch in den Reaktionen auf den Oslo-Report gezeigt hatte, zum Teil auf der überheblichen Einschätzung, in der Forschung viel weiter fortgeschritten zu sein. Verstärkt wurde die Ansicht, dass die Wehrmacht über kein Frühwarnradar verfügte, aber auch dadurch, dass es aus Deutschland in den Vorkriegsjahren keine Berichte über den Bau großer Funktürme an strategischen Orten gab. Die britischen Chain-Home-Türme waren dagegen kaum zu übersehen, sie ragten mehr als hundert Meter in den Himmel. Der britische Radar-Pionier Watson-Watt hatte sogar während einer Reise nach Deutschland 1937 selbst Ausschau nach verdächtiger Infrastruktur gehalten, jedoch nichts Auffälliges bemerkt.[67]

Den Deutschen war der Aufbau der britischen Funktürme und Antennen der Chain Home ab 1935 nicht entgangen. Der genaue

---

66 Zitiert nach ebenda, S. 389
67 Vgl. Cornwell 2006, S. 316

Zweck dieser Konstruktionen und ihre Bedeutung für die britische Luftverteidigung wurden allerdings nicht erkannt, deutsche Agenten konnten weder vor Ort noch von Zivilflugzeugen aus brauchbare Informationen gewinnen. Erst Anfang August 1939, nur einen Monat vor Kriegsbeginn, wollte man bei der Luftwaffe doch noch einmal sichergehen und schickte das Luftschiff LZ 130, besser bekannt als »Graf Zeppelin II«, auf eine nächtliche Spionagefahrt. Das Schwesterluftschiff der berühmten »Hindenburg«, die 1937 in New Jersey verunglückt war, sollte mit zahlreichen Experten und Messgeräten an Bord herausfinden, ob die Briten Radaranlagen an ihren Küsten errichtet hatten. Die Messungen lieferten aber keine Hinweise auf Radarsignale – damit war die Sache für die Luftwaffe erledigt. Ob die Chain Home in dieser Nacht aufgrund eines Fehlers ausgefallen war oder ob den Deutschen die Signale schlicht entgangen waren, womöglich deshalb, weil das britische Frühwarnsystem mit viel längeren Wellen arbeitete als die deutsche Technologie, ist nicht geklärt. Was auch immer zu der falschen Annahme geführt hatte, die Folgen sollten schwerwiegend sein.[68]

Die dunkelste Stunde

»Jetzt also brach die Gewalt des Sturmes über uns herein, der sich so lange schon zusammengebraut hatte. In dem gnadenlosesten aller Kriege, den die Geschichte verzeichnet, prallten vier oder fünf Millionen Männer aufeinander. In nur einer Woche wurde die Front in Frankreich unwiderruflich zerrissen, hinter der wir in den bitteren Jahren des letzten und auch am Anfang dieses Krieges geborgen waren. In nur drei Wochen zerfiel die ruhmreiche französische Armee, während unsere einzige britische Streitmacht ins Meer getrieben wurde und ihre

---

68 Vgl. Fine 2019, S. 18–19

gesamte Ausrüstung verlor. Innerhalb von sechs Wochen sollten wir allein sein, beinahe waffenlos, mit dem triumphierenden Deutschland und Italien an unserer Kehle, indessen ganz Europa für Hitler offenstand und auf der anderen Seite des Erdballs Japan sich zum Sprung duckte. Das waren die Umstände und düsteren Aussichten, unter denen ich mein Amt als Premierminister und Minister der Verteidigung übernahm.«[69]

Der Einstieg in den zweiten Band von Winston Churchills monumentaler Geschichte des Zweiten Weltkriegs könnte kaum dramatischer sein. Übertrieben ist er nicht: Tatsächlich erreicht Churchills lange und wechselhafte politische Karriere zu einem Zeitpunkt größter Krise ihren Höhepunkt. Ein Ende des Sitzkriegs hat sich bereits im April 1940 mit der überraschenden deutschen Besetzung Norwegens und Dänemarks abgezeichnet. Die Wehrmacht ist damit britischen und französischen Truppen nur um Stunden zuvorgekommen, die ihrerseits geplant hatten, die norwegischen Häfen einzunehmen und Deutschland damit von kriegswichtigen Rohstofflieferungen aus Schweden abzuschneiden.

Für den angezählten britischen Premierminister Neville Chamberlain ist diese Niederlage politisch nicht mehr verkraftbar. In den folgenden Parlamentsdebatten werden ihm, auch aus den Reihen seiner eigenen Partei, schwere strategische Versäumnisse vorgeworfen. Die Diskussionen über die gescheiterte Unternehmung in Norwegen spitzt sich zur generellen Kritik an Chamberlains passiver Haltung und seiner vorangegangenen Appeasement-Politik zu. Am 9. Mai zieht Chamberlain die Konsequenz und tritt zurück. Als sein Nachfolger setzt sich, dank Unterstützung der Opposition, Winston Churchill durch – und tritt tags darauf als Premier an die Spitze einer neuen Allparteienregierung. Auch das Amt des Verteidigungsministers geht an Churchill, der damit eine größere militärische Entscheidungsmacht besitzt als jeder andere Premierminister des Landes vor ihm.

---

69 Churchill 1985b, S. 3 f.; Übersetzung nach Krockow 2016, S. 187

Am selben Tag, dem 10. Mai 1940, beendet Deutschland mit dem Überfall auf die Niederlande, Belgien und Luxemburg den Sitzkrieg im Westen endgültig. Es ist der Start einer Offensive, die für die Alliierten innerhalb kürzester Zeit zur Katastrophe wird: In nur sechs Wochen steht die Wehrmacht in Paris, nach den Benelux-Staaten kapituliert Ende Juni auch Frankreich. Immerhin können Ende Mai in einer beispiellosen Rettungsaktion Hunderttausende britische und französische Soldaten, die durch den überraschend schnellen deutschen Vorstoß im Nordosten Frankreichs eingekesselt worden sind, aus der französischen Hafenstadt Dünkirchen auf die britische Insel evakuiert werden. Nahezu ihre gesamte Ausrüstung bleibt zurück und fällt den Deutschen in die Hände – aber wie durch ein Wunder entkommen fast 340 000 Soldaten dem Tod oder der Gefangennahme.

Churchill warnt vor allzu großer Erleichterung über den Erfolg von Dünkirchen: Durch die als »Operation Dynamo« in die Geschichte eingegangene Evakuierungsmission, an der sich auch zahlreiche private Schiffe und Fischerboote beteiligt haben, ist zwar ein Großteil der britischen Berufsarmee erhalten geblieben, aber Kriege, so Churchill, würden nicht durch Evakuierungen gewonnen. Nur noch der Ärmelkanal trennt die Wehrmacht von der britischen Insel – und es gibt keinen Grund, an deutschen Invasionsplänen zu zweifeln. Noch haben sich die USA nicht dazu durchgerungen, in den Krieg einzugreifen. Großbritannien ist auf sich allein gestellt.

Einmal mehr appelliert der frischgebackene Premier an den Kampfgeist und das Durchhaltevermögen der Bevölkerung, als er am 4. Juni das Unterhaus und die ganze Nation in einer seiner berühmtesten Reden adressiert: »Wir werden nicht wanken noch weichen. Wir werden ausharren, wir werden in Frankreich kämpfen, wir werden auf den Meeren und Ozeanen kämpfen, wir werden mit wachsender Zuversicht und zunehmender Stärke in der Luft kämpfen, wir werden unsere Insel verteidigen, was immer es uns auch kosten möge, wir werden auf den Dünen kämpfen, wir werden auf den Landungsplätzen kämpfen, wir werden auf den Feldern und in den Straßen kämpfen, wir werden auf den Hügeln kämpfen; wir werden uns niemals ergeben.«[70]

Dass ein deutscher Angriff auf Großbritannien unmittelbar bevorsteht und die Luftwaffe dabei eine entscheidende Rolle spielen wird, ist allen klar. Und es mehren sich Hinweise auf neue Technologien, die bei Angriffen auf Großbritannien eingesetzt werden könnten. In der Zwischenzeit hat R. V. Jones immer mehr Informationen über deutsche Radar- und Funkleitstrahlsysteme zusammengetragen. Er hat die Warnungen des Oslo-Reports im Gegensatz zu seinen Vorgesetzten ernst genommen und ihre Bedeutung für den bevorstehenden Luftkrieg in einem Bericht folgendermaßen auf den Punkt gebracht: »Der Beitrag dieser Quelle zum gegenwärtigen Problem kann so zusammengefasst werden, dass die Deutschen ein ähnliches RDF-System (*radio direction finding*, Anm. d. Verf.) wie wir in Betrieb genommen haben und dass sie eine Funkmethode zur Entfernungsbestimmung für ihre eigenen Flugzeuge entwickelt haben.«[71]

Besorgniserregend ist vor allem der zweite Punkt. Jones hat, alarmiert durch den Oslo-Report, nach weiteren Quellen gesucht, die den Einsatz von Geräten zur Entfernungsmessung und möglicherweise auch Zielführung deutscher Flugzeuge bestätigen könnten. Schon bald gibt es Hinweise von unterschiedlichen Seiten. Abgehörte deutsche Funksprüche, die in Bletchley Park entschlüsselt werden konnten, Funde in Flugzeugwracks und Verhöre deutscher Kriegsgefangener lassen für den Physiker keine Zweifel mehr offen: Die Luftwaffe verfügt tatsächlich über ein neuartiges Navigationssystem. Ihre Piloten können mithilfe von Funkleitstrahlen im Blindflug an ein Ziel gelangen – und im Gegensatz zur Royal Air Force auch bei Nacht und Nebel Angriffe fliegen. Jones ist einem Verfahren von Hans Plendl in Rechlin auf die Spur gekommen, das unter dem deutschen Decknamen »Knickebein« eingesetzt wird.

---

70 Roberts 2019, S. 103
71 Air Scientific Intelligence Report No. 7, Nachlass R. V. Jones, Churchill Archives Centre, RVJO B411

Mitte Juni schlägt Jones bei Frederick Lindemann Alarm, dem er seinen Geheimdienst-Job verdankt und der in der Zwischenzeit von Churchill zum obersten wissenschaftlichen Berater der Regierung gemacht worden ist. Lindemann will noch immer nicht so recht an eine technologische Überlegenheit der Deutschen glauben. Er ist auch skeptisch, ob ein Funkleitstrahlsystem technisch überhaupt möglich ist – denn er nimmt an, dass die ausgesendeten Kurzwellen nicht der Erdkrümmung folgen würden und daher über größere Entfernungen nicht eingesetzt werden können. Doch Jones lässt nicht locker und schließlich schickt Lindemann eine kurze Nachricht an Churchill: »Es scheint einen Grund zur Annahme zu geben, dass die Deutschen eine Art Funkgerät haben, mit dem sie hoffen, ihre Ziele finden zu können.«[72] Der Premierminister misst dieser Information offenkundig größere Bedeutung zu. In seinen Erinnerungen bezeichnet er sie als »schmerzhaften Schock«[73], da er bis dahin darauf gehofft habe, dass spätestens ab Herbst der berühmt-berüchtigte britische Nebel einen gewissen Schutz vor Luftangriffen auf die Insel bieten würde. Er leitet Lindemanns Nachricht an den Luftfahrtminister Archie Sinclair weiter, um die Sache »gründlich zu untersuchen«.[74]

Als Jones eine Woche später sein Büro im Hauptquartier des MI6 am Londoner Broadway 54 betritt, wartet eine Notiz auf seinem Schreibtisch: Er werde zu einer Besprechung in der 10 Downing Street erwartet. Ein Treffen mit Churchill persönlich? Mit Schrecken realisiert der Physiker, dass er es unmöglich noch pünktlich zu dem Termin schaffen kann. Als der gerade einmal 28-Jährige schließlich abgehetzt am Amtssitz des Premierministers ankommt und in den Cabinet Room geführt wird, platzt er mitten in eine hitzige Debatte der ranghöchsten Verantwortlichen. Neben Churchill, Lindemann, Tizard, Watson-Watt und mehreren Ministern sind auch der Chef des Luftstabs, Cyril Newall, und

---

72 Jones 2009, S. 95
73 Churchill 1985b, S. 339
74 Ebenda

hohe Offiziere der Royal Air Force anwesend – und diskutieren lautstark über die deutschen Funkstrahlen.

Jones wird schnell klar, dass die Anwesenden »die Situation nicht
vollständig begriffen«[75] haben. Als Churchill ihn nach einiger Zeit endlich anspricht und nach einem nebensächlichen Detail fragt, nimmt
Jones seinen Mut zusammen und ergreift die Chance: »Würde es helfen,
Sir, wenn ich Ihnen die ganze Sache von Anfang an erklären würde?«
Der Premierminister bejaht und Jones berichtet aus dem Stegreif, was
er seit dem Erhalt des Oslo-Reports herausgefunden hat. »Seit einigen
Monaten, erzählte er uns, seien Hinweise aus unterschiedlichen Quellen eingegangen, dass die Deutschen ein neues Verfahren zur Bombardierung bei Nacht hätten und große Hoffnungen darauf setzten«,
erinnerte sich Churchill später. »Etwa 20 Minuten lang sprach er in
ruhigem Ton und führte seine Indizienkette aus, die in ihrer überzeu-
genden Faszination nicht von den Geschichten über Sherlock Holmes
übertroffen wurde.«[76]

Deutsche Sender sollen vom europäischen Festland aus Funkstrahlen über England schicken, um ihre Flugzeuge anzuleiten? Einige Zu-
hörer im Cabinet Room bleiben skeptisch, doch den wichtigsten hat
Jones auf seiner Seite: Churchill ist gleichermaßen beeindruckt und
besorgt über die Ausführungen des Physikers und fragt Jones, was aus
seiner Sicht nun zu tun sei. »Ich antwortete, dass wir zuallererst die
deutschen Leitstrahlen finden und selbst an diesen entlangfliegen sollten, und dass wir dann eine Reihe an Gegenmaßnahmen entwickeln
müssten.«[77] Jones schlägt unter anderem vor, falsche Signalstrahlen mit
dem Leitstrahl der Luftwaffe zu kreuzen, um die Flugzeuge zu einem
verfrühten Bombenabwurf in ungefährlichem Gebiet zu bringen, oder
zu versuchen, die deutschen Signale durch unterschiedliche Störmaßnahmen überhaupt unbrauchbar zu machen. Churchill ist von Jones'
Initiative und seinen konkreten Vorschlägen begeistert und ruft vor-

---

75 Jones 2009, S. 101
76 Churchill 1985b, S. 340
77 Jones 2009, S. 102

wurfsvoll in die Runde: »Vom Luftfahrtministerium bekomme ich immer nur Akten, Akten, Akten!«[78]

Battle of the Beams

Diese erste Begegnung zwischen R. V. Jones und Winston Churchill ist der Beginn dessen, was in Großbritannien unter dem Namen »The Battle of the Beams« (Die Schlacht der Strahlen) in die Geschichte eingehen wird. Über Monate hinweg liefern sich die deutsche Luftwaffe und die Royal Air Force ein regelrechtes Katz-und-Maus-Spiel in Sachen Radar und Funknavigation. R. V. Jones ist auf britischer Seite einer der wichtigsten Protagonisten in diesem technologischen Wettrennen um die Entdeckung gegnerischer Verfahren und die Entwicklung effektiver Stör- und Gegenmaßnahmen. Trotz aller Erfolge im Kampf gegen die deutsche Technik steht Großbritannien ein desaströser Luftkrieg bevor.

Hitler will das Land schnellstmöglich militärisch ausschalten, um den Rücken frei für einen Angriff auf die Sowjetunion zu haben. Im Juli beginnt die deutsche Luftwaffe mit der Bombardierung von Zielen an der britischen Kanalküste. In seiner Weisung Nr. 16 gibt Hitler vor: »Da England trotz seiner militärisch aussichtslosen Lage noch keine Anzeichen einer Verständigungsbereitschaft zu erkennen gibt, habe ich mich entschlossen, eine Landungsoperation vorzubereiten. Zweck dieser Operation ist es, das englische Mutterland als Basis für die Fortführung des Krieges gegen Deutschland auszuschalten und, wenn es erforderlich sein sollte, in vollem Umfang zu besetzen.«[79]

Einen wohldurchdachten und koordinierten Plan für die als »Operation Seelöwe« bezeichnete Invasion Großbritanniens gibt es nicht. Klar ist aber, dass zuallererst die Royal Air Force besiegt werden muss, ehe

---

78 Ebenda
79 Kielinger 2017, S. 257

eine Landung der Wehrmacht durchgeführt werden kann. Warum die Insel sich zum Kampf rüstet, anstatt einen Kompromiss mit Deutschland zu suchen, ist Hitler ein Rätsel. Anfang August erteilt er die nächste Weisung – und skizziert darin einen »verschärften Luftkrieg«: »Um die Voraussetzungen für die endgültige Niederringung Englands zu schaffen, befehle ich Folgendes: Die deutsche Fliegertruppe hat mit allen zur Verfügung stehenden Kräften die englische Luftwaffe möglichst bald niederzukämpfen. Die Angriffe haben sich in erster Linie gegen die fliegenden Einheiten, ihre Bodenorganisationen und Nachschubeinrichtungen, ferner gegen die Luftrüstungsindustrie einschließlich der Industrie zur Herstellung von Flakgerät zu richten.«[80]

Anders als bei den blitzartigen Angriffen auf Polen, Norwegen, die Beneluxländer und Frankreich stehen die deutschen Piloten aber vor weitaus größeren Herausforderungen. Sie müssen ohne vorrückende Unterstützung auf dem Boden, weit entfernt von den eigenen Stützpunkten und damit ohne große Reichweite operieren: Die Tankfüllungen der deutschen Standard-Kampfflugzeuge reichen gerade einmal für eine Stunde Flugzeit. Abzüglich des Hin- und Rückflugs über den Kanal bleibt also nur wenig Zeit für die eigentlichen Einsätze und im Fall eines Abschusses sind Flugzeug und Pilot auf feindlichem Gebiet verloren. Vor allen Dingen aber ist der Überraschungseffekt diesmal nicht auf Seite der Deutschen – dank des britischen Frühwarnradarsystems, das herannahende Flugzeuge nicht nur erkennen, sondern auch Flughöhe, Position und Kurs bestimmen kann. Durch das effiziente Zusammenspiel der Chain Home und die darauf abgestimmten Kommunikationsabläufe kann die Royal Air Force unmittelbar nach dem Eingehen einer Alarmmeldung reagieren.[81]

Eine wichtige Rolle kommt dabei der »Women's Auxiliary Air Force« (WAAF) zu, einer neu gegründeten Einheit von Frauen in der Royal Air Force. Zu Kriegsbeginn im September 1939 dienen dort rund

---

80 Roberts 2019, S. 136
81 Ebenda, S. 137

1500 Frauen, im Jahr 1943 sind es bereits 175 000. Die Mitglieder der WAAF sollen zunächst vor allem als »Hilfskräfte« ihre männlichen Kollegen entlasten und als Schreiberinnen, Telefonistinnen oder Fahrerinnen arbeiten. Doch bald erweitert sich ihr Wirkungsbereich, immer mehr Frauen werden als Mechanikerinnen, Ingenieurinnen oder Funkerinnen eingesetzt und nehmen zentrale Aufgaben bei der Luftverteidigung wahr. Die WAAF wertet Luftbilder aus, erstellt Wetterberichte, hört deutsche Funksprüche ab und übt eine frühe Form der Flugverkehrskontrolle aus: Sogenannte Plotterinnen überwachen via Radar den Luftraum über Großbritannien, geben die Informationen über Sprechfunk laufend und nahezu in Echtzeit weiter und ermöglichen so der Royal Air Force schnelle und gezielte Abfangmanöver.

Einige Offizierinnen der WAAF werden als Agentinnen ausgebildet und für geheime Operationen ins Ausland geschickt. Selbst als Pilotinnen fliegen dürfen die Frauen der WAAF aber nicht, und obwohl sie durch ihre Arbeit in militärischen Einrichtungen vor allem während des Luftkriegs über England ständig akuter Gefahr durch deutsche Angriffe ausgesetzt sind, werden sie viel schlechter bezahlt als ihre männlichen Kollegen. 1944 wird die erste Direktorin der WAAF und das Mastermind hinter der Radarabwehrorganisation, Jane Trefusis Forbes, für ihre Leistungen in den Adelsstand erhoben. Die nunmehrige »Dame Commander of the Order of the British Empire« bleibt auch privat mit der Technologie verbunden – sie heiratet in den 1960er-Jahren den Radar-Pionier Robert Watson-Watt.

Mitte August 1940 intensiviert die Luftwaffe ihre Großangriffe auf Einrichtungen der Royal Air Force. Allein am 13. August fliegen deutsche Piloten 1485 Einsätze, stoßen jedoch auf vehementen Widerstand: 46 deutsche Flugzeuge werden an diesem Tag abgeschossen, während Großbritannien nur 13 Maschinen und sieben Piloten verliert – die übrigen sechs überleben und sind wenig später schon wieder in der Luft. Die Luftwaffe greift auch mehrere Radarstationen der Chain Home an, der Schaden hält sich jedoch in Grenzen und hat auf die Operation des Frühwarnsystems keine schwerwiegenden Auswirkungen. Welche wichtige Rolle die Chain Home für das britische Luftverteidigungskonzept hat, erkennen die Deutschen noch immer nicht, systematische Attacken auf die Radarstationen bleiben zum Glück für die Royal Air Force aus.[82]

Obwohl die Luftwaffe das Ausmaß ihrer Erfolge völlig überschätzt, wird die Lage für Großbritannien immer prekärer. Die Angriffe erfolgen zunehmend auch nachts und führen deutsche Bomber immer tiefer ins Landesinnere, wo die großen Stützpunkte der Royal Air Force liegen. R.V. Jones und seine Kollegen sind indes nicht untätig geblieben: Mithilfe einer neuen Funkabwehreinheit der Royal Air Force gelingt es tatsächlich, die Leitstrahlen des deutschen »Knickebein«-Systems über Mittelengland aufzuspüren und Störmaßnahmen zu entwickeln. In Deutschland sorgt man sich offenbar nicht, dass die Technik auffliegen und gestört werden könnte, denn die Leitstrahlen werden nicht nur für möglichst kurze Zeit ausgesendet, sondern zumeist schon lange vor einem Einsatz. In Großbritannien zweifelt niemand, der in die Sache eingeweiht ist, noch an der Existenz einer geheimen deutschen Funknavigation, die nun unter dem Decknamen »Headache« geführt wird. Die Gegenmaßnahmen werden passenderweise als »Aspirin« bezeichnet. Doch kaum beginnen die Störungen des »Knickebein«-Systems zu wirken, taucht auch schon ein neues Verfahren zur Nachtführung deutscher Flugzeuge auf – und die Kopfschmerzen nehmen zu. Die »Battle of the Beams« ist voll im Gange, die britischen Luftstreitkräfte geraten indes angesichts der nicht abreißenden deutschen Angriffe an die Grenze ihrer Belastbarkeit.[83]

Doch dann kommt es zu einem folgenschweren Strategiewechsel der Luftwaffe, der für die britische Zivilbevölkerung die schrecklichste Phase des Luftkriegs einläutet, letztlich aber die Niederlage der Deutschen besiegelt. Die Angriffe haben sich bislang auf Flugplätze, Flugzeugwerke und andere strategische Ziele konzentriert, sie sollen die spätere Invasion der Wehrmacht erleichtern. Bombardierungen von

---

82 Ebenda, S. 140
83 Taylor 2015, S. 121

Städten, insbesondere von London, sollen nach Hitlers Vorstellungen erst zu einem späteren Zeitpunkt erfolgen. Aber dann fallen schon am 24. August 1940 Bomben auf die britische Hauptstadt – möglicherweise durch den Irrtum eines Piloten. Churchill erkennt eine Chance und setzt auf volles Risiko: Bereits am nächsten Tag brechen 81 britische Bomber in Richtung Berlin auf und versetzen der NS-Führung einen schweren Schlag. Zwar erreicht weniger als die Hälfte der Flugzeuge ihr Ziel und die Schäden durch die Angriffe halten sich in Grenzen. Doch die symbolische und psychologische Wirkung ist enorm. Bombenangriffe auf die Reichshauptstadt! Hitler ist in Rage, Luftwaffenchef Göring in Erklärungsnot: Er hat stets prahlerisch versichert, dass Luftangriffe auf deutsches Territorium praktisch unmöglich wären.[84]

Churchills provokanter Plan geht auf. Hitler droht nicht nur damit, britische Städte »auszuradieren«, sondern drängt tatsächlich auf eine Änderung der Taktik im Luftkrieg – ausgerechnet zu einem Zeitpunkt, da sich eine Niederlage der Royal Air Force bereits abzeichnet. Statt militärischen Zielen sollen nun schwerpunktmäßig britische Städte angegriffen werden, vor allem London rückt ins Visier der Luftwaffe. Am 7. September kommt es zur ersten schweren Bombardierung der Hauptstadt, mehr als 400 Menschen kommen dabei ums Leben. Es ist der Beginn eines achtmonatigen Terrors, der in Großbritannien schlicht »The Blitz« genannt wird und insgesamt mehr als 43 000 Tote fordert. Allein auf London werden bis Mai 1941 in 71 Großangriffen mehr als 18 000 Tonnen Sprengstoff niedergehen, auch zahlreiche andere Städte werden schwer getroffen.

Für die Royal Air Force wird diese katastrophale Zeit zur rettenden Verschnaufpause: Während sich die Luftwaffe der Zerstörung von Städten und der Terrorisierung der Bevölkerung widmet, können Schäden an Flugfeldern, Stützpunkten und Kommunikationseinrichtungen repariert und kann die Produktion neuer Flugzeuge wieder hochgefahren werden. In relativ kurzer Zeit hat die Royal Air Force wieder die Kapazi-

---

84 Kielinger 2017, S. 260 f.

täten, der Luftwaffe schwere Verluste zuzuführen. Hitler verschiebt die geplante Invasion Großbritanniens »bis auf weiteres«.[85]

In der Zwischenzeit ist Jones zwei Nachfolgesystemen der »Knickebein«-Funknavigation auf der Spur. Noch im September 1940 stoßen die Kryptografen in Bletchley Park, die den deutschen Nachrichtenverkehr abhören und entschlüsseln, auf Hinweise zu einem ominösen »X-Gerät«. Dabei handelt es sich offenbar um ein deutlich verbessertes System, das mit mehr Leitstrahlen und höheren Frequenzen arbeitet und eine größere Genauigkeit bei nächtlichen Bombenangriffen ermöglicht. Wie sich bald auf tragische Weise herausstellen wird, ist die Suche nach dem »Aspirin« für diese Technologie weitaus schwieriger: Der desaströse Angriff auf die englische Industriestadt Coventry in der Nacht auf den 15. November 1940, der wesentlich mithilfe des X-Verfahrens durchgeführt wird, lässt sich nicht rechtzeitig verhindern. 500 deutsche Bomber legen Coventry in einer bis dahin beispiellosen Flächenbombardierung in Schutt und Asche. Hunderte Menschen sterben, Tausende Häuser und große Teile der Industrieanlagen werden zerstört.[86]

Erst Anfang Januar 1941 gelingt es Jones und seinen Kollegen, den Einsatz des »X-Geräts« durch falsche Signale effektiv und in größerem Rahmen zu stören. Zu diesem Zeitpunkt ist allerdings schon das nächste deutsche Leitstrahlsystem am Horizont aufgetaucht. Wieder kommen die ersten Informationshappen dazu von den Codeknackern aus Bletchley Park. Mehrere Indizien lassen darauf schließen, dass die »Y-Gerät« genannte Technologie anders funktioniert als ihre Vorgänger – und offenbar mit nur einem einzigen Strahl operiert. Wie wird dem Piloten dann angezeigt, wo er seine tödliche Fracht abwerfen soll? Das Flugzeug, das sich an dem einzelnen Strahl orientiert, kann eigentlich nur mithilfe einer präzisen Entfernungsmessung an sein Angriffsziel geführt werden. Und das Prinzip dieser Technik ist Jones schon

85 Roberts 2019, S. 153
86 Taylor 2015, S. 124

einmal begegnet: im Oslo-Report. Der anonyme Autor hat unter dem Stichwort »Flieger-Entfernungsmessgerät« ein Verfahren beschrieben, das die Luftwaffe in Rechlin entwickelt hat. Dank dieser wertvollen Informationen wissen Jones und die Funkabwehreinheit der Royal Air Force diesmal ganz genau, wonach sie suchen müssen, noch ehe die Technik im großen Stil zum Einsatz kommt: »Wir registrierten schnell einen Strahl, der ausprobiert wurde, und hörten Signale fast exakt in dem Wellenbereich und mit der Modulation, die im Oslo-Report angegeben waren«, schreibt Jones später in seinen Erinnerungen. »Noch bevor sie bereit waren, das Y-System für ernsthafte Operationen einzusetzen, waren wir gerüstet.«[87]

Jones schlägt vor, den BBC-Fernsehsender im Alexandra Palace im Norden Londons für die Störung des »Y-Systems« zu nutzen. Mit dem Sender, der während des Kriegs seinen Normalbetrieb eingestellt hat, lassen sich dank der genauen Kenntnis der deutschen Entfernungsmesstechnik Täuschungssignale aussenden, die bei den deutschen Piloten und ihren Bodenstationen für Verwirrung sorgen. Im Gegensatz zu den Störmaßnahmen gegen die Funknavigationssysteme »Knickebein« und »X-Gerät«, die der Luftwaffe sehr schnell bewusst geworden sind, fällt die subtilere Täuschung des »Y-Geräts« zunächst nicht auf. Abgehörte Funksprüche zeigen zu Jones' großem Vergnügen, dass die Piloten und ihre Leitstellen zunächst von eigenen Fehlern ausgehen und sich gegenseitig beschuldigen, dafür verantwortlich zu sein. »Die deutschen Piloten folgten dem Strahl, wie das deutsche Volk dem Führer folgte«, witzelt Winston Churchill später. »Sie hatten nichts anderes, dem sie folgen konnten.«[88]

Damit haben Jones und seine Kollegen das dritte und letzte deutsche Funknavigationsverfahren aufgedeckt und unschädlich gemacht. Bald wird der Luftwaffe klar, dass sie sich auch auf das »Y-Verfahren« nicht mehr verlassen kann – und gibt dessen Einsatz ganz auf. »Die einzigen

---

87 Jones 1990, S. 272
88 Churchill 1985b, S. 341

Ziele, die die Luftwaffe ab Januar noch verlässlich bombardieren konnte, waren London, das einfach zu groß war, um es zu verfehlen, und die im Süden und an den Küsten gelegenen Städte«, schreibt Jones in seinen Erinnerungen. Viele der Städte im Landesinneren hätten es dem Oslo-Report zu verdanken, dass sie in der letzten Phase der Luftschlacht um England bis Mai 1941 verschont geblieben sind. »Ziele an den Küsten litten weiterhin schwer, aber es gab kein weiteres Coventry.«[89]

Auch wenn die deutschen Luftangriffe auf britische Städte noch bis ins Frühjahr 1941 andauern, ist die »Battle of Britain« entschieden: Deutschland hat erstmals eine Niederlage erlitten. Der Luftwaffe gelingt es nicht, die Royal Air Force auszuschalten, und auch die von Hitler und Göring erhoffte Demoralisierung der Bevölkerung durch die anhaltenden Bombardierungen ist völlig fehlgeschlagen. Anstatt das Durchhaltevermögen und den Widerstandswillen der Inselbewohner zu brechen und Churchill zur Kapitulation zu zwingen, ist der Kampfgeist nur noch stärker geworden, die menschenverachtende deutsche Aggression wirkt geradezu identitätsstiftend. »In Momenten der tiefsten Krise gelingt es der Nation, sich plötzlich zusammenzufinden und rein nach Instinkt zu handeln, es ist in Wirklichkeit ein Verhaltenskodex, den jeder versteht, ohne dass er jemals ausformuliert worden wäre«[90], schreibt George Orwell in seinem 1941 veröffentlichten Essay *The Lion and the Unicorn*.

Schließlich wird der Luftkrieg gegen England eingestellt, Hitler lässt die Ressourcen für sein eigentliches Ziel bündeln: den Überfall auf die Sowjetunion. Sein Plan, »das englische Mutterland als Basis für die Fortführung des Krieges gegen Deutschland auszuschalten«, ist gescheitert.

Nach der »Battle of the Beams« bestehen für Jones keine Zweifel mehr an der Authentizität des Oslo-Reports, mit dessen Hilfe die deutsche Funknavigation gestört werden konnte. Auch die Informationen über defensive Radarstationen in Deutschland, die der Bericht preis-

---

89 Jones 1990, S. 272
90 Orwell 1984, S. 7

gibt, erweisen sich als zutreffend und nützlich. Und so behält Jones, inzwischen vollends von der Aufrichtigkeit des anonymen Verfassers überzeugt, das Dokument nicht nur im Hinterkopf, sondern auch auf seinem Schreibtisch: »In den wenigen Atempausen des Krieges pflegte ich den Oslo-Report aufzuschlagen, um nachzulesen, was denn wohl als Nächstes käme.«[91]

91 Vortrag von R. V. Jones vor der Royal United Services Institution (RUSI) im Februar 1947, abgedruckt u. a. im CIA-Journal Studies in Intelligence, für die Öffentlichkeit frei-gegeben 1994, online abrufbar unter www.cia.gov/static/d839496681d9ba54de936cac-bacba66c/Scientific-Intelligence.pdf (letzter Zugriff: 17.5.2021)

4. Kapitel:
»Operation Hydra«

In den nächsten Jahren sorgt ein anderer Themenbereich, den der Oslo-Report erwähnt, in London für Nervosität: das deutsche Raketenprogramm in Peenemünde. Es dauert lange, bis die Informationen aus Oslo dazu ins Bild passen, der Bericht gibt nur einen Ausschnitt der dortigen Aktivitäten zu Beginn des Kriegs wieder. Tatsächlich enthält der Oslo-Report von 1939 aber die allerersten Hinweise auf die geheime Heeresversuchsanstalt Peenemünde im Norden der Ostseeinsel Usedom, die 1936 (nach der Zwangsumsiedlung der Bewohner) als Entwicklungsstelle und Testgelände für ballistische Raketen und raketengetriebene Flugzeuge aus dem Boden gestampft worden ist. R. V. Jones hat seinen Vorgesetzten damals umgehend davon berichtet, doch die Zweifel an der Echtheit des Dokuments und der schon bald eskalierende Luftkrieg über England haben die Warnung schnell in den Hintergrund rücken lassen.

Zudem ist es dann lange Zeit still geblieben um die Vorgänge auf Usedom. Erst seit Ende 1942 treffen vermehrt Informationen über Peenemünde bei den Alliierten ein – zunächst vereinzelt, dann in immer größerer Zahl und aus unterschiedlichen Quellen: Agentenberichte, Informationen von Widerstandskämpfern, abgehörte Gespräche von deutschen Kriegsgefangenen und schließlich auch Aufklärungsflüge der Royal Air Force zeugen nicht nur von der Existenz einer militärischen Großanlage auf Peenemünde, sondern erhärten auch den Verdacht, dass dort an waffenfähigen Raketen gearbeitet wird. Die Heeresversuchsanstalt ist inzwischen, unter massivem Einsatz von Zwangsarbeitern, zu einem der größten militärischen Forschungszentren der Welt angewachsen.[92]

Ende 1942 hat in Peenemünde der erste erfolgreiche Test einer neuen zerstörerischen Technologie stattgefunden: Mit der Flugbombe »Fieseler Fi 103«, die später unter dem deutschen Propagandanamen »Vergeltungswaffe 1« (V1) berüchtigt werden sollte, wird auf der Ostseeinsel erstmals ein militärischer Marschflugkörper getestet. Das in den Gerhard-Fieseler-Werken in Kassel entwickelte, 7,7 Meter lange Geschoss wiegt mehr als zwei Tonnen, davon macht die Sprengladung im Gefechtskopf 850 Kilogramm aus. Mithilfe eines Strahltriebwerks, das mit einem Benzin-Luftgemisch funktioniert, erreicht die selbstfliegende Bombe eine Geschwindigkeit von bis zu 580 km/h und hat eine maximale Reichweite von knapp 300 Kilometern. Die Waffe verfügt über eine automatische Kurskorrektur, Treffgenauigkeit ist aber keine ihrer Stärken: Hat sie die vorgesehene Flugstrecke zurückgelegt, wird der Antrieb gestoppt und der Absturz ausgelöst. Wo genau das Geschoss mit seiner tödlichen Fracht dann einschlägt, lässt sich aber nur grob voraussagen.

Eine andere Waffe, die schon im Oktober 1942 auf Usedom ihren ersten Test besteht, stellt die V1 in jeder Hinsicht in den Schatten. Unter der Leitung des jungen Technischen Direktors der Heeresversuchsanstalt und SS-Mannes Wernher von Braun ist die Entwicklung einer ballistischen Rakete gelungen, die alle Rekorde bricht: Die 14 Meter lange und mehr als 13 Tonnen schwere Rakete mit Flüssigkeitstriebwerk erreicht eine Geschwindigkeit von über 5000 km/h. Schon beim ersten erfolgreichen Start kratzt das Aggregat 4, kurz A4, wie die Großrakete bis zu ihrer späteren Umbenennung in V2 heißt, an der Grenze zum Weltall. Im Juni 1944 durchbricht sie diese mit einer Flughöhe von 176 Kilometern vollends und wird zum ersten menschengemachten Objekt im All. Auch wenn die Technologie und ihr Entwickler Wernher von Braun später noch eine wichtige Rolle in der Raumfahrt spielen sollten,

---

92 Vgl. Neufeld 2004, S. 26

ist der Weltraum keineswegs das Ziel der Anstrengungen auf Usedom: Bestückt mit einer Tonne Sprengstoff kann die V2 ein Ziel wie London binnen Minuten treffen und verheerende Zerstörung anrichten. Anders als bei der V1, die nur etwa Flugzeuggeschwindigkeit erreicht, sind dabei Abwehrmaßnahmen oder eine Alarmierung der Bevölkerung nahezu unmöglich.[93]

Noch sind die Raketen und Flugbomben aber nicht zum Einsatz gekommen – Hitler hat ihrer Produktion lange keinen Vorrang eingeräumt. Erst vor dem Hintergrund zunehmender Rückschläge und Misserfolge der Wehrmacht und verstärkter alliierter Luftangriffe auf deutsche Städte setzt er größere Hoffnungen auf diese vermeintlichen »Wunderwaffen« und spekuliert abermals darauf, Großbritannien mit willkürlichem Terror aus der Luft zum Aufgeben zwingen zu können. So lässt er im Sommer 1943 bei einer Lagebesprechung wissen: »Aufhören wird er (*der Gegner Großbritannien,* Anm. d. Verf.) nur, wenn seine Städte kaputtgehen, ganz klar. Den Krieg gewinnen kann ich nur dadurch, dass ich beim Gegner mehr vernichte als der Gegner bei uns – dadurch, dass ich selber ihm jedenfalls die Schrecken des Krieges beibringe.«[94] Vor allem aber werden die »Vergeltungswaffen« zu einem wichtigen Propagandainstrument des NS-Regimes, mit dem bei Soldaten und Zivilbevölkerung der Glaube an den immer unwahrscheinlicheren »Endsieg« Deutschlands aufrechterhalten werden soll.

Kontroverse um Raketen

In London herrscht indes hektische Betriebsamkeit. Aufklärungsflüge über der Ostseeinsel im Frühjahr 1943 zeigen zunehmende Aktivität auf dem Militärgelände, einige Luftaufnahmen lassen sogar große Objekte

---

93 Vgl. Roberts 2019, S. 673
94 Zitiert nach ebenda, S. 671

erkennen, die wie Raketen aussehen. Zahlreiche unterschiedliche Stellen aus Regierung, Militär und Geheimdiensten sind mit der Sache befasst – auch R. V. Jones, der inzwischen eine eigene wissenschaftliche Abteilung im MI6 leitet. Die zentralen Fragen lauten: Wie fortgeschritten ist das Programm und steht ein Raketenangriff auf Großbritannien bevor? Über die Antworten und damit auch die nötigen Gegenmaßnahmen herrscht große Uneinigkeit. Eine Massenpanik in der Bevölkerung soll vermieden werden, aber müssen im Hintergrund Evakuierungen vorbereitet werden? Jones gerät bald neuerlich an Frederick Lindemann, den einflussreichen wissenschaftlichen Berater des Premierministers. Wieder vertreten sie konträre Ansichten.

Für Jones ergibt die Summe der vorliegenden Informationen ein unzweifelhaftes Bild: Er hält das deutsche Raketenprogramm auf Peenemünde für weit gediehen und bedrohlich. In einem Bericht äußert er zwar die Vermutung, dass ein größerer Angriff frühestens in einigen Monaten zu erwarten sei und eine offizielle Warnung der Bevölkerung jetzt verfrüht und möglicherweise kontraproduktiv wäre. Seine Empfehlung fällt aber eindeutig aus: Die einzig sinnvolle Maßnahme gegen die Bedrohung sei eine umgehende Bombardierung der Anlage. Es bestehe zwar das Risiko, dass das Raketenprogramm nach einem Angriff verlegt und im Verborgenen fortgesetzt werden könnte und dann womöglich weniger Informationen an Großbritannien gelangen würden, doch jede Verzögerung der Fortschritte in Peenemünde müsse aus seiner Sicht klare Priorität haben, schreibt Jones.[95]

Das sieht auch der Finanzstaatssekretär im War Office, Duncan Sandys, so. Der Diplomat, der seit 1935 mit der ältesten Tochter des Premiers, Diana Churchill, verheiratet ist und von seinem Schwiegervater in ein Regierungsamt gehievt wurde, ist zur allgemeinen Überraschung mit der Untersuchung der Causa Peenemünde betraut worden. Auch er kommt rasch zu dem Schluss, dass die Wehrmacht über eine Rakete mit großer Reichweite verfügt, »entweder in einem sehr fortgeschrit-

---

95 Vgl. Jones 2009, S. 342

tenen Entwicklungsstadium oder bereits in Produktion«[96]. London sei das wahrscheinlichste Ziel dieser Waffe, warnt Sandys und plädiert wie Jones für einen raschen Angriff auf Peenemünde.

Lindemann ist hingegen der Meinung, die Geheimdienstberichte würden mit ihren Warnungen zu dick auftragen. Ganz unrecht hat er damit nicht: Meldungen, wonach deutsche Großraketen mit 10-Tonnen-Sprengköpfen bestückt werden könnten, stellen sich bald tatsächlich als völlig überzogen heraus, die V2 ist mit »nur« einer Tonne Sprengstoff bepackt. Auch mit seinen Zweifeln an der militärstrategischen Sinnhaftigkeit von Großraketen in dieser Phase des Kriegs sollte Lindemann recht behalten. Aus seiner Sicht ist es aber generell zweifelhaft, dass deutschen Ingenieuren der Bau von Raketen mit einer Reichweite gelungen ist, die Großbritannien gefährlich werden könnte – zu groß schätzt er die technischen Hürden dafür ein. Auch in Großbritannien gibt es seit 1936 eine Forschungseinrichtung, die sich mit Raketentechnik befasst: das Projectile Development Establishment in Fort Halstead, das später Teil des britischen Atombombenprogramms werden sollte. Von der Entwicklung ballistischer Großraketen mit Flüssigkeitsantrieb wie die V2 ist man dort aber weit entfernt. Aufgrund der Erfahrungen der britischen Wissenschaftler geht Lindemann davon aus, dass die Deutschen an Feststoffraketen arbeiten würden und als Treibstoff eigentlich nur der rauchlose Sprengstoff Kordit infrage käme, dessen einigermaßen sichere Zündung nur in einem dicken Stahlmantel möglich wäre. Eine solche Rakete mit mehreren Hundert Kilometern Reichweite müsste Lindemanns Überlegungen zufolge mindestens 60 Tonnen wiegen – und das sei eigentlich undenkbar.

Wie schon in der Diskussion um das deutsche Radar lässt sich der streitbare Physiker zumindest teilweise von Überheblichkeit leiten: Er kann sich nicht vorstellen, dass die Deutschen in der Entwicklung einer neuen Technologie viel weiter sein könnten als Großbritannien – und bringt stattdessen eine andere Theorie zu den Vorgängen auf Usedom

---

96 Goodchild 2017, S. 465

aufs Tapet: Könnte es sich bei der ganzen Raketensache nicht um ein Täuschungsmanöver handeln, um die Alliierten von wirklich lohnenswerten Angriffszielen abzulenken?

Welche Rolle persönliche Animositäten und politische Rivalitäten zwischen Lindemann und Sandys bei ihrer so unterschiedlichen Beurteilung des Raketenprogramms spielen, ist nicht einfach zu bewerten. Sandys' Bestellung zum Leiter der Untersuchungskommission ist Lindemann jedenfalls ein Dorn im Auge, er sieht sich selbst zweifellos als den kompetenteren Experten. So darf es auch nicht überraschen, dass Lindemann nur allzu gern auf den fehlenden wissenschaftlichen Hintergrund des Churchill-Schwiegersohns verweist. Sandys schenkt seinem Kontrahenten ebenfalls nichts. Er selbst sei kein Wissenschaftler und habe sich deshalb auch nicht in einen wissenschaftlichen Streit hineinziehen lassen, kommentiert er die Angelegenheit nach dem Krieg. Seine Ansicht sei ganz einfach gewesen: Nur weil Lindemann nicht gewusst habe, wie man eine Rakete baut, musste das nicht unbedingt bedeuten, dass die Deutschen es auch nicht wussten.[97] Jones, der sich ebenfalls durch Sandys' Berufung zum Leiter der Untersuchung übergangen fühlt, in der Sache aber auf dessen Seite steht, erinnert sich später an einen »enormen Einfluss von Emotionen«[98] auf die ganze Debatte.

Ende Juni 1943 hat Churchill genug von dem Hickhack und will zu einer Entscheidung kommen. In einer nächtlichen Kabinettsitzung soll die Angelegenheit endgültig ausdiskutiert werden, neben Militärs und Ministern sind auch Sandys, Lindemann und Jones geladen. Die beiden Widersacher Sandys und Lindemann legen noch einmal ihre konträre Sicht der Dinge dar. Sandys weist auf die vielen Indizien hin, die für die Existenz eines fortgeschrittenen Raketenprogramms in Peenemünde und die drohende Gefahr für Großbritannien sprechen würden, und zitiert eine – stark übertriebene – Schätzung des Ministry of Home Security, wonach eine einzige Rakete bis zu 4000 Opfer fordern könnte.

---

97 Vgl. ebenda, S. 467
98 Brief von Jones an Basil Collier, 1.2.1956, Nachlass R. V. Jones, Churchill Archives Centre, RVJO B277

»Abgesehen davon und von seiner Tendenz, die Bedrohung als unmittelbar bevorstehend einzuschätzen, hätte ich nicht viel davon in Frage gestellt«[99], erinnert sich Jones später. Lindemann naturgemäß schon. Er ist als Nächster am Wort – und attackiert Sandys' Bericht von allen Seiten. Es sei unrealistisch, dass das deutsche Raketenprogramm schon so weit gediehen und insbesondere das Treibstoffproblem für derartige Langstreckenwaffen gelöst worden sei. Und selbst wenn Hitler tatsächlich funktionierende Großraketen zur Verfügung hätte, was würden sie ihm nützen? Würden sich die immensen Kosten und der Aufwand eines größeren Einsatzes wirklich lohnen? Er halte es für viel wahrscheinlicher, dass die Deutschen damit von der Massenproduktion anderer, günstigerer Waffen ablenken wollten: Flugbomben und ferngesteuerte Flugzeuge. Zum Abschluss setzt er seiner Theorie, das deutsche Raketenprogramm könnte lediglich ein »Hoax« sein, die Krone auf. Konfrontiert mit Luftaufnahmen des Testgeländes, auf denen eindeutig Raketen zu sehen sind, meint Lindemann, es handle sich womöglich um Attrappen und die ganze Geschichte würde sich letztlich als Schwindel herausstellen. Jones verteidigt Lindemann später damit, dass dieser gewissermaßen die Rolle eines nützlichen Advocatus Diaboli gespielt habe, der mit seiner Fundamentalopposition zu Sandys alle Argumente für einen riskanten und ressourcenintensiven Angriff auf Peenemünde rigoros abklopfen wollte, ehe es zu einer Entscheidung kam. Nicht alle Historiker sind in ihrem Urteil über Lindemann so milde.[100]

Nach den Ausführungen seines wissenschaftlichen Beraters wendet sich Churchill an Jones und fordert von ihm nichts Geringeres als »die Wahrheit«.[101] Für den jungen Physiker ist es fast ein Déjà-vu: Drei Jahre ist es her, dass er dem Premierminister schon einmal gegenübergesessen ist, entschlossen, ihn vor einer Bedrohung zu warnen, die von hochrangigen Zuhörern im Raum angezweifelt wurde. Jones konnte

99 Jones 2009, S. 343
100 Vgl. Williams 2014, S. 119
101 Jones 2009, S. 344

Churchill damals von der Gefahr durch neue Navigationssysteme der deutschen Luftwaffe überzeugen und sich durch den Erfolg der Gegenmaßnahmen den Respekt des Premierministers sichern. Genau diesen Umstand nutzt er nun, als er anmerkt, dass die Beweislage für das Raketenprogramm in Peenemünde sogar noch erdrückender sei, als sie es für die deutschen Funkstrahlen vor der Luftschlacht um England 1940 gewesen war. An einen Trick, wie ihn Lindemann skizzierte, glaube er nicht, sagt Jones und argumentiert mit dem Oslo-Report: Dieser habe Peenemünde schließlich schon im Herbst 1939 als Entwicklungszentrum neuer Waffensysteme genannt und auch Geschosse mit Raketenantrieb erwähnt. Sollten die Deutschen etwa schon damals an einem Ablenkungsmanöver gearbeitet haben, um Großbritannien jetzt – fast vier Jahre später – hinters Licht zu führen? Äußerst unwahrscheinlich. Der Oslo-Report habe sich zudem in vielen Bereichen als wertvoller Wegweiser erwiesen und er sei geneigt, ihm auch in diesem Punkt zu vertrauen, sagt Jones. »Es ist daher wahrscheinlich, dass die Deutschen schon 1939 an der Entwicklung einer großen Rakete arbeiteten und Probleme mit der Steuerung hatten.«[102]

Churchills Entscheidung fällt noch in dieser Nacht: Die Royal Air Force soll den größtmöglichen Angriff auf Peenemünde vorbereiten. Die »Operation Hydra«, wie der Codename der Aktion gegen das deutsche Raketenprogramm lautet, lässt sich allerdings nicht von heute auf morgen umsetzen, wie sich schnell zeigt. »Man muss sich daran erinnern, dass zu jener Zeit unsere einzigen erfolgreichen Bombenangriffe auf einzelne Fabriken in Deutschland von kleinen Bomberverbänden mit außergewöhnlich erfahrenen Besatzungen durchgeführt worden waren«, erinnert sich Arthur Harris, der Oberbefehlshaber des Bomber Command der Royal Air Force, später. »Sie flogen entweder bei Tage oder nachts, wenn ungewöhnlich gute Sichtverhältnisse herrschten. Beim Angriff auf Peenemünde war mir klar, dass ich die gesamte Bomberflotte einzusetzen hatte, um die Zerstörung eines Zieles von so we-

102 Undatierte Aufzeichnung, Nachlass R. V. Jones, Churchill Archives Centre, RVJO B411

sentlicher strategischer Bedeutung sicherzustellen. Außerdem musste der Angriff bei Mondschein erfolgen.«[103]

Hölle unter Tage

In der Vollmondnacht auf den 18. August 1943 gibt Harris den Befehl zum Großangriff. Die Bomberflotte der »Operation Hydra« umfasst knapp 600 Flugzeuge, zusätzlich brechen mehrere Dutzend Kampfflugzeuge der Royal Air Force zu einem Täuschungsmanöver auf: Sie sollen einen Scheinangriff auf Berlin fliegen und so das wahre Ziel der Operation so lange wie möglich vor der Luftwaffe verschleiern. Kurz nach ein Uhr nachts fallen die ersten Bomben auf Usedom. Die erste Angriffswelle ist nicht auf die Prüfstände, Werkstätten und Versuchsanlagen in Peenemünde gerichtet, sondern auf die nahe gelegene Wohnsiedlung der Wissenschaftler und Ingenieure des Raketenprogramms in Karlshagen. Erst im nächsten Schritt werden Fertigungshallen und das Entwicklungswerk der Heeresversuchsanstalt angegriffen. Mehr als 1800 Tonnen Spreng- und Brandbomben fallen in dieser Nacht auf die Ostseeinsel. Die Royal Air Force geht zunächst, trotz eigener Verluste von 40 Flugzeugen und mehr als 240 Crew-Mitgliedern, von einem vollen Erfolg aus. Doch die Wirkung der Operation ist geringer als erhofft.[104]

Durch ein Markierungsproblem verfehlen zu Beginn des Angriffs viele Bomben das beabsichtigte Zielgebiet und ein Zwangsarbeiterlager wird schwer getroffen, in dem mehrere Tausend Menschen eingepfercht sind. Mehr als 600 von ihnen sterben. Obwohl auch die Personal-Wohnsiedlung in Karlshagen fast vollständig zerstört wird, überleben die meisten führenden Köpfe der Heeresversuchsanstalt in Schutzbunkern – allen voran Wernher von Braun, dem es außerdem gelingt,

---

103 Zitiert nach Johnson 1995, S. 136 f.
104 Vgl. Goodchild 2017, S. 481

wichtige Konstruktionspläne vor der Zerstörung zu bewahren. Ein schwerer Rückschlag für das Raketenprogramm ist zwar der Tod des Chemikers und Ingenieurs Walter Thiel, der die Triebwerksabteilung in Peenemünde geleitet hat und maßgeblich an der Entwicklung der A4-Triebwerke beteiligt war, ausgeschaltet ist das geheime Waffenprojekt, trotz aller Schäden in Peenemünde, aber keineswegs. Historiker schätzen später, dass es durch die »Operation Hydra« um etwa zwei Monate zurückgeworfen worden ist.[105]

Die Bombardierung Peenemündes hat dennoch weitreichende Folgen: Hitler lässt die Raketenproduktion zum Schutz vor weiteren Luftangriffen in unterirdische Stollenanlagen verlegen. Auf Betreiben Heinrich Himmlers, der das Raketenprogramm stärker unter die Kontrolle der SS bringen will, soll die Raketenfertigung durch den massenhaften Einsatz von KZ-Häftlingen vorangetrieben werden. Die ursprünglich als Treibstofflager vorgesehenen Stollen unter dem Kohnstein bei Nordhausen in Thüringen sollen zur Hauptproduktionsstätte ausgebaut werden, schon Ende August errichtet die SS dort ein Außenlager des KZ Buchenwald. In dem daraus entstehenden Konzentrationslagerkomplex Mittelbau-Dora müssen bis Kriegsende mehr als 60 000 Häftlinge unter menschenverachtenden Bedingungen Zwangsarbeit verrichten, jeder dritte von ihnen stirbt. Die V2 wird als Waffe in die Geschichte eingehen, deren Produktion mehr Menschenleben forderte als ihr Einsatz.

Verantwortlich für den Ausbau der Stollen ist der SS-Brigadeführer und Architekt Hans Kammler, der als Leiter des Bauwesens des SS-Wirtschafts- und Verwaltungshauptamtes für alle KZ-Bauten zuständig ist und sich bei seinen Vorgesetzten nicht zuletzt mit Verbesserungsvorschlägen für die Krematorien in Auschwitz-Birkenau hervorgetan hat. Seine Untergebenen lässt er wissen: »Kümmern Sie sich nicht um die menschlichen Opfer. Die Arbeit muss vonstattengehen, in möglichst

---

105 Vgl. Neufeld 1997, S. 238 ff.

kurzer Zeit.«[106] Unter seiner Leitung soll auch das Raketenentwicklungs-
zentrum aus Peenemünde verlegt werden, zum neuen Standort wird das
oberösterreichische Ebensee bestimmt. Auch hier werden KZ-Häftlinge
in großer Zahl zum Bau eines neuen Stollensystems gezwungen. Der
Plan zur Verlegung der Raketenentwicklung wird später zwar aufgegeben, die Anlage in Ebensee wird aber für die Produktion anderer Rüs-
tungsgüter genutzt. Mehr als 8500 Häftlinge des KZ Ebensee überleben
die entsetzlichen Bedingungen der Zwangsarbeit und die Gewalt der
SS-Lagermannschaft nicht.

Eine Wendung im Krieg bringen die mörderischen Anstrengungen
rund um die deutschen »Wunderwaffen« nicht einmal im Ansatz. Als die
erste fliegende Bombe V1 am 13. Juni 1944 in London einschlägt, ist die
alliierte Landung in der Normandie bereits seit einer Woche im Gange
und nicht zu stoppen. Umso energischer fordert Hitler den Einsatz der
Geschosse: Fast 13000 Flugbomben werden bis zum Frühjahr 1945 auf
Großbritannien und Belgien abgefeuert, allerdings erreicht nur rund ein
Viertel davon das Ziel: bewohntes Gebiet. Neben zahlreichen technischen Defekten sorgt auch das radargestützte britische Flugabwehrsys-
tem dafür, dass viele V1 unschädlich gemacht werden können. Dennoch
richtet die V1 verheerende Schäden an und fordert Tausende Todesopfer,
vor allem in London und Antwerpen, dessen großer Seehafen von den
Alliierten besetzt worden ist. Die Verwüstungen, die V1-Einschläge hin-
terlassen, sind enorm: Im Sommer 1944 werden in London zeitweise an
die 10000 Häuser und Wohnungen pro Tag beschädigt.[107]

Am 8. September 1944 wird die erste V2-Rakete auf die britische
Hauptstadt abgeschossen. Nur Minuten nach ihrem Start von einer
mobilen Rampe in Den Haag reißt die 13-Tonnen-Waffe einen riesigen
Krater in eine Wohnstraße im Stadtteil Chiswick, wo zuvor noch sechs
Häuser gestanden sind. Die Detonation kommt wie aus dem Nichts,
das britische Frühwarnsystem erkennt die Überschallwaffe nicht. Wie

---

106 Ebenda, S. 253
107 Vgl. Roberts 2019, S. 671

durch ein Wunder sterben nur drei Menschen. Fast 1400 V2-Raketen werden in den folgenden Monaten allein auf London gefeuert und töten mindestens 2700 Bewohner der Stadt. Bei einem einzigen Treffer auf ein Kaufhaus in New Cross am 25. November kommen 160 Menschen ums Leben. Insgesamt werden rund 3200 V2-Raketen abgefeuert, die meisten auf Antwerpen und London. Mehr als 8000 Menschen werden getötet, größtenteils Zivilisten.[108]

Doch bei allem Leid und bei aller Zerstörung, welche die von den deutschen Propagandamedien gefeierten »Vergeltungswaffen« verursachen, bleibt ihr militärischer Nutzen äußerst gering: Der Krieg der Wehrmacht im Osten ist längst verloren, die Alliierten rücken im Westen unaufhaltsam vorwärts – daran ändert der willkürliche Raketenbeschuss nichts. Selbst die erhoffte demoralisierende Wirkung auf die britische Bevölkerung bleibt aus, im Gegenteil bestärken die monatelangen Angriffe mit Flugbomben und Raketen die allgemeine Überzeugung von der Notwendigkeit eines Sieges über Nazideutschland nur noch weiter. Unter der deutschen Bevölkerung macht sich indes Ernüchterung breit. Hitler selbst hält weiter fanatisch an den »Wunderwaffen« fest, noch in seiner letzten Radioansprache am 30. Januar 1945 verspricht er, sie würden den deutschen »Endsieg« bringen. Drei Monate später begeht er in seinem »Führerbunker« unter dem Garten der Alten Reichskanzlei in Berlin Suizid.

Von der SS zur NASA

Viele der Zwangsarbeiter der deutschen Raketenproduktion werden noch unmittelbar vor der Befreiung der Konzentrationslager ermordet. Für Wernher von Braun, der die Entwicklung der V2-Rakete maßgeblich mitverantwortet hat, bringt der verlorene Krieg nicht etwa eine

108 Vgl. ebenda, S. 673

Anklage aufgrund seiner Verstrickungen in die Verbrechen des NS-Regimes mit sich. Seine Karriere sollte erst richtig beginnen. Er zählt zu einer Gruppe führender Wissenschaftler und Techniker, die nach Kriegsende in die USA gebracht werden, um ihr Wissen vor dem Hintergrund des immer deutlicher werdenden Konflikts mit der Sowjetunion für das US-Militär zu nutzen.

Von Braun und sein Team von mehr als 100 Raketenexperten arbeiten in den Folgejahren an verschiedenen militärischen Projekten in den USA. Darunter ist die »Redstone«, die erste mit atomaren Sprengköpfen bestückte Mittelstreckenrakete der Welt, deren Technik auf jener der V2-Rakete beruht. Für die Vergangenheit der erfolgreichen deutschen Konstrukteure interessiert sich, zumindest in offiziellen Kreisen, niemand. Seine größten Erfolge und weltweite Berühmtheit erlangt von Braun schließlich durch seine Arbeit für die US-Weltraumbehörde NASA, zu der er schon 1959, im Jahr nach ihrer Gründung, überstellt wird. Er ist in leitender Funktion am Bau der Trägerraketen für Weltraummissionen beteiligt. Den Höhepunkt und nach eigenen Angaben die Erfüllung seiner Träume stellt die erste bemannte Mondlandung 1969 dar. Seine aktive Beteiligung am NS-Regime spielt von Braun bis zu seinem Tod herunter und behauptet, nichts von der entsetzlichen Lage der Zwangsarbeiter bei der Raketenproduktion gewusst zu haben und selbst als unpolitischer Ingenieur von den Nazis unter Druck gesetzt worden zu sein. Dokumente und Zeitzeugenberichte zeichnen ein anderes Bild: Von Braun war nicht nur NSDAP- und SS-Mitglied und warb bei der NS-Führung aktiv für das militärische Potenzial der V2, wofür ihm Hitler persönlich mit der Verleihung des Professorentitels dankte, der Ingenieur forderte auch aktiv Zwangsarbeiter zu Produktionszwecken an, besuchte Konzentrationslager und wählte dort mitunter selbst Häftlinge aus.[109]

»Hätte Dr. Einstein, als er seine berühmte Formel über die Beziehung zwischen Materie und Energie aufschrieb, verzweifelt seinen Stift

---

109 Vgl. Eisfeld 2012, S. 249

fallen lassen sollen, weil er die Vision hatte, undenkbar große Mengen Atomenergie freizusetzen?«, fragte von Braun später einmal rhetorisch, als ihn die Vergangenheit in seinem zweiten Leben in den USA einholte. »Hätte Otto Lilienthal seine heldenhaften Segelflüge einstellen sollen, weil ihm die Möglichkeit eines militärischen Missbrauchs des noch nicht geborenen motorisierten Flugzeugs dämmerte? Und sollten wir Raketenbauer von heute unsere Bemühungen einstellen, das Universum für die menschliche Erforschung zu öffnen, weil Raketen, genau wie Flugzeuge, auch für militärische Zwecke eingesetzt werden können?«[110]

Als Wernher von Braun am Tag des Raketenstarts der Mission »Apollo 11« mit Neil Armstrong, Buzz Aldrin und Michael Collins an Bord von einem Journalisten gefragt wird, ob er garantieren könne, dass die Rakete nicht auf London stürzen werde, verlässt er wortlos die Pressekonferenz.[111]

---

110 Zitiert nach Crim 2018, S. 1
111 Vgl. Cornwell 2006, S. 476

5. Kapitel:
Falsche Fährten

Während Wernher von Braun schon kurz nach Kriegsende in seiner neuen Heimat Texas an der Weiterentwicklung der V2 arbeitet, lässt R. V. Jones in London seine Erfahrungen als wissenschaftlicher Geheimdienstoffizier Revue passieren. In einem Bericht vom April 1946, in dem es um unverhoffte Quellen seiner Arbeit im Krieg geht, nimmt der Oslo-Report einen prominenten Platz ein: »Im November 1939 erreichte uns einer der brillantesten Berichte, die während des Krieges eingegangen sind. Er beschrieb die Funktionsweise eines deutschen magnetischen Torpedos und wie man ihm entgegenwirkt. Er konstatierte die Existenz des deutschen Radars und nannte wertvolle Hinweise zu Leistung und Frequenz. Er beschrieb eine Methode, mit der die Deutschen ihre Bomber mit Radiowellen navigieren konnten, er berichtete von Experimenten mit einer raketengetriebenen Flugbombe zum Einsatz gegen Schiffe und wies auf die Existenz von Rechlin und Peenemünde hin. Er nannte die Entwicklung einer großen, gyroskopisch gesteuerten Rakete, für die eine Funksteuerung entwickelt wurde. Und er lieferte das Kernstück eines in Entwicklung befindlichen Abstandszünders.«[112]

---

112 Wiedergabe des Berichts für die »Official History of Air Intelligence« vom April 1946, in: Nachlass R. V. Jones, Churchill Archives Centre, RVJO B411

Jones beschreibt auch das Misstrauen, das durch die Umstände der Sendung und die fragliche Herkunft des Dokuments geschürt worden ist, hält aber fest: »[Der Oslo-Report] machte uns auf Entwicklungen aufmerksam, von denen wir zuvor keine Kenntnisse hatten. Wir haben nie herausgefunden, wer der Autor war, aber der Oslo-Report ist ein hinreichendes Beispiel dafür, dass derartige Quellen nicht leichtfertig behandelt werden sollten. Es war wahrscheinlich der beste Einzelbericht, den wir während des gesamten Krieges aus einer Quelle erhalten haben.«[113]

Der inzwischen 44-jährige Jones ist gerade zum Director of Intelligence im britischen Luftfahrtministerium befördert worden, kehrt der aktiven Geheimdienstarbeit aber bald den Rücken. Die Neuorganisation der immer bedeutsameren wissenschaftlichen Abteilung im Nachrichtendienst missfällt ihm. Nicht ganz ohne Zutun Winston Churchills, der nach einer unerwarteten Wahlniederlage 1945 wieder zum Oppositionspolitiker geworden ist, erhält er 1946 eine Professur für Naturphilosophie an der schottischen Universität Aberdeen. Doch auch wenn sich Jones in den Folgejahren wieder stärker der akademischen Physik zuwendet und vor allem an der Verbesserung unterschiedlicher Messgeräte arbeitet, lässt ihn die Vergangenheit nicht los. Die Rolle der wissenschaftlichen Geheimdienstarbeit im Krieg bleibt ein bestimmendes Thema für ihn – und ganz besonders ein Aspekt: der Oslo-Report.[114]

Ein Großteil von Jones' Arbeit beim MI6 fällt unter den sogenannten Official Secrets Act, eine Veröffentlichung ist damit für viele Jahre nicht möglich. Einige allgemeine Einblicke kann Jones aber dennoch schon im Februar 1947 geben, als er auf Einladung von Henry Tizard und mit offizieller Genehmigung einen Vortrag an der Royal United Services Institution (RUSI) hält, einem im 19. Jahrhundert gegründeten Londoner Forschungsinstitut für Verteidigung und Sicherheit. Darin erwähnt er, freilich ohne allzu viele Details zu nennen, den Oslo-Report und seine Bedeutung erstmals öffentlich. Jones hofft, mit dem Vortrag, der später

---

113 Ebenda
114 Vgl. Cook 1999, S. 246

auch veröffentlicht wird[115], den unbekannten Autor des Reports »wissen zu lassen, wie wichtig sein Bericht war«.[116] Vielleicht würde er sogar Kontakt aufnehmen, wenn er noch lebte?

Der anonyme Informant meldet sich nicht, dafür aber zahlreiche Journalisten. Mehrere Zeitungen greifen die Geschichte des Oslo-Reports auf – es ist der Beginn jahrzehntelanger Spekulationen und vermeintlicher Enthüllungen über den Autor. Unter den ersten Veröffentlichungen ist neben einer Kurzmeldung in der *New York Times*[117] auch ein Artikel im norwegischen *Morgenbladet* vom 22. Februar 1947, der das Rätsel gerade einmal zehn Tage nach Jones' Vortrag gelöst haben will: Demnach würden amerikanische Agenten hinter dem Bericht stecken. Da die USA vor ihrem Kriegseintritt geheime Informationen aus Deutschland nicht offiziell an Großbritannien hätten übergeben können, sei der unverfängliche anonyme Weg über die britische Botschaft im neutralen Norwegen gewählt worden. Die Zeitung bringt sogar das Foto eines angeblichen Amerikaners, der sich zur besagten Zeit in Oslo aufgehalten haben und in die Sache involviert gewesen sein soll. Er habe die Informationen vermutlich in Dänemark erhalten und sei dann, gemeinsam mit einem weiteren Amerikaner, nach Oslo gereist und im Hotel Bristol abgestiegen. Einer der beiden Männer habe, so behauptet der Artikel, der ohne jede Quelle auskommt, den Report an die Botschaft übermittelt.[118]

So gut wie alles in diesem Zeitungsbericht ist falsch – bis auf ein bemerkenswertes Detail, das auch Jones 1947 noch unbekannt ist: Der Autor des Oslo-Reports hat tatsächlich im Hotel Bristol im Zentrum

115 Vortrag von R. V. Jones vor der Royal United Services Institution (RUSI) im Februar 1947, abgedruckt u. a. im CIA-Journal Studies in Intelligence, für die Öffentlichkeit freigegeben 1994. Online abrufbar unter www.cia.gov/static/d839496681d9ba54de-936cacbacba66c/Scientific-Intelligence.pdf (letzter Zugriff: 17.5.2021)

116 Jones 1990, S. 277

117 Vgl. The New York Times, 20.2.1947, Flying Bomb No Surprise. Briton Reveals Warning from Norway in October, 1939. Online verfügbar unter https://timesmachine.nytimes.com/timesmachine/1947/02/20/96692425.html (letzter Zugriff: 10.6.2021)

118 Vgl. Morgenbladet vom 22.2.1947, zitiert nach Nachlass R. V. Jones, Churchill Archives Centre, RVJO B454

der norwegischen Hauptstadt genächtigt und das Dokument sogar dort verfasst. Woher der (ebenfalls anonyme) *Morgenbladet*-Journalist diese Information hat, bleibt unklar. Aufzeichnungen über die Hotelgäste im besagten Zeitraum sind nach dem Krieg verschwunden und bis heute nicht wieder aufgetaucht.[119]

Stasi-Offizier als Bestsellerautor

Im Lauf der 1950er-Jahre schafft es der Oslo-Report immer wieder in die internationale Presse, zumeist in sehr sensationalistischer Aufbereitung. Auch deutsche Medien entdecken die »Story« und scheuen nicht davor zurück, sie ohne große Recherche, dafür aber mit viel Fantasie ausgeschmückt zu veröffentlichen. So bringt etwa die *Münchner Illustrierte* Anfang 1958 einen reißerischen Artikel, in dem der Oslo-Report als »geheimnisvollster und wertvollster Brief, der jemals zur Post gebracht worden ist« und dessen anonymer Autor als »der große Verräter« bezeichnet werden. Nachsatz: »Er wird für alle Zeiten seinen Platz finden in Berichten über die sensationellsten Fälle von Spionage und Verrat.«[120]

Jones, der in der Zwischenzeit selbst immer mehr über die Hintergründe und Autorenschaft des Oslo-Reports herausfindet, bleibt in der Öffentlichkeit zurückhaltend mit Details. Anfang der 1960er-Jahre meldet sich dann der deutsche Journalist Julius Mader in einer »außerordentlich wichtigen Angelegenheit« bei ihm: Er habe den Verfasser des Oslo-Reports mit großer Wahrscheinlichkeit identifiziert und stehe vor der Veröffentlichung eines »enthüllenden Buchs« über Wernher von Braun, in dem er auch die Geschichte des Oslo-Reports erzählen und

---

119 Auskunft von Ebbe Jensen, Enkel des Hotelgründers Waldemar Jensen, an den Verfasser, 22.11.2019

120 Münchner Illustrierte, 8. Februar 1958, S. 7, zitiert nach Nachlass R. V. Jones, Churchill Archives Centre, RVJO B416

die Identität des Autors lüften wolle. Er bittet Jones um einige Details zu den Vorgängen 1939, die er für seine Geschichte verwenden kann.[121]

Maders Recherchen zufolge handelt es sich bei dem Verfasser um den promovierten Ingenieur Hansheinrich Kummerow, einen 1944 ermordeten deutschen Widerstandskämpfer. Kummerow hatte sich nach der Machtübernahme der Nationalsozialisten in Deutschland 1933 dem kommunistischen Widerstand angeschlossen, gab technische Informationen über die Rüstungsindustrie weiter und war an mehreren Sabotageakten beteiligt. 1936 heiratete er die Kontoristin Ingeborg Picker. Nach dem deutschen Überfall auf die Sowjetunion 1941 waren die beiden im dezentralen Netzwerk um die Widerstandskämpfer Harro Schulze-Boysen und Arvid Harnack aktiv, das von der Gestapo unter der Bezeichnung »Rote Kapelle« brutal verfolgt wurde. Hansheinrich Kummerow wurde im November 1942 verhaftet, Ingeborg Kummerow nur Wochen später. Beide wurden vom deutschen Reichskriegsgericht zum Tode verurteilt und hingerichtet.

Mader zufolge hatte Kummerow schon vor dem Ausbruch des Kriegs durch seine Arbeit und Kontakte in verschiedene Unternehmen und Institutionen tiefe Einblicke in die deutsche Rüstungsindustrie erlangt. Mithilfe seiner Frau und des befreundeten Chemikers Erhard Tohmfor, der einer norwegischen Familie entstammte, habe Kummerow seine gesammelten Informationen 1939 außer Landes gebracht – nach Oslo, wo sie den Briten zugespielt wurden.

In seiner zum Agententhriller stilisierten Geschichte, die 1963 unter dem Titel *Geheimnis von Huntsville* veröffentlicht wird, trägt Mader dick auf und spart nicht mit Klischees, wenn er etwa vom »Mann mit Hut und hochgeschlagenem Mantelkragen« fabuliert, der den Oslo-Report verstohlen in den Briefkasten der britischen Botschaft wirft. In seinem Buch, das im Deutschen Militärverlag, einem staatlichen Verlag der DDR, erscheint, schwingt aber auch etwas anderes deutlich mit: antiwestliche Propaganda. »Kein Publikationsorgan in West-

---

121 Vgl. Briefwechsel Mader – Jones, Nachlass R.V. Jones, Churchill Archives Centre, RVJO B448

deutschland oder in einem anderen NATO-Staat bemühte sich je, das Schicksal Dr. Kummerows zu klären«, schreibt Mader. »Dafür sind die Spalten mit den ekelerregenden Storys hitlerbesessener und geldgieriger Exnazis voll. Die Geheimdienstler der Westmächte interessieren sich nicht für die in Plötzensee Gemeuchelten, sie wundern sich nur, befangen in ihrer Klassenideologie, dass noch niemand für den Oslo-Bericht kassieren kam. Sorgfältig wurde das Tuch des Schweigens über Dr. Kummerow und seine Mitstreiter gebreitet, denn ihre faschistischen Häscher und ihre Blutrichter sind heute in Westdeutschland, in dem Paradies der Kriegsverbrecher, beheimatet und beziehen für ihr brutales Werk Pensionen und Honorare.«[122]

Jones, der höflich auf Maders Briefe antwortet, er könne leider kaum etwas zu den Recherchen beitragen, weiß längst, dass Kummerow nicht der Autor des Oslo-Reports gewesen sein kann. Er selbst hat das Rätsel inzwischen gelöst und kennt den Verfasser, wird den Namen aber noch fast drei Jahrzehnte nicht veröffentlichen – nicht zuletzt aus Sorge um die Sicherheit des Mannes, der mit seiner Familie nach wie vor in Deutschland lebt.

Was Jones aber nicht ahnt, ist, dass er es bei Mader nicht mit einem gewöhnlichen Journalisten zu tun hat, sondern mit einem »Offizier im besonderen Einsatz« des Ministeriums für Staatssicherheit der DDR. Mader, der eigentlich Thomas Bergner heißt, arbeitet verdeckt für die Abteilung Agitation der Stasi – und hat sich ganz auf propagandistische Angriffe gegen den Westen spezialisiert. Viele seiner aufsehenerregenden Veröffentlichungen thematisieren die Nazi-Vergangenheit hochrangiger westdeutscher Politiker und die engen Verflechtungen westlicher Geheimdienste mit ehemaligen Nationalsozialisten. Seine Recherchen tragen zu heftigen Debatten und einigen prominenten Rücktritten in der Bundesrepublik bei. Mader ist aber eben nicht der freie Journalist, als der er sich ausgibt. Viele Informationen, auf denen seine Veröffentlichungen beruhen, stammen direkt von der Stasi, er erledigt politische

---

122 Mader, Julius (1962): Geheimnis von Huntsville, Vorabdruck in forum, S. 19, Nachlass R. V. Jones, Churchill Archives Centre, RVJO B448

Auftragsarbeiten. Häufig vermischt er dabei Fakten mit tendenziösen Vermutungen, Behauptungen oder gezielten Lügen.[123]

Maders Veröffentlichungen finden insbesondere in den Staaten des Ostblocks eine große Leserschaft. In seiner 30-jährigen Arbeit für die Stasi veröffentlicht er 32 Bücher, die in 120 Auflagen und 18 Sprachen erscheinen, mehr als fünf Millionen Exemplare seiner Werke werden verkauft. Sein erfolgreiches Buch über Wernher von Braun und den Oslo-Report, *Geheimnis von Huntsville*, wird unter dem Titel *Die gefrorenen Blitze* auch zum Kino-Hit, der 1967 auf die Leinwand kommt. In westlichen Geheimdienstkreisen wird Mader aber vor allem durch eine andere Veröffentlichung berüchtigt: In seinem 1968 auf Deutsch und Englisch erschienenen Buch *Who's who in CIA* nennt er die Namen von 3000 angeblichen Mitarbeitern des US-Auslandsgeheimdienstes Central Intelligence Agency rund um den Globus. Neben der Stasi dürfte auch der sowjetische Geheimdienst KGB in die Publikation involviert gewesen sein. Die Retourkutsche folgt einige Jahre später, als der US-amerikanische Journalist John Barron in seinem Buch *KGB* die Namen von 1600 sowjetischen Geheimdienstlern enthüllt – mithilfe der CIA und als direkte Antwort auf Maders Buch, wie die *New York Times* in Erfahrung bringt.[124]

Heiße Spur zu Paul Rosbaud

1978 löst R. V. Jones selbst eine neue Welle des öffentlichen Interesses am Oslo-Report aus. In seinem viel beachteten autobiografischen Buch *Most Secret War: British Scientific Intelligence* erzählt er mit

123 Vgl. Maddrell 2005, S. 242
124 Vgl. The New York Times, 25.12.1977, The C.I.A.'s 3-Decade Effort To Mold the World's Views. Online verfügbar unter www.nytimes.com/1977/12/25/archives/the-cias-3decade-effort-to-mold-the-worlds-views-agency-network.html (letzter Zugriff: 8.5.2021)

behördlicher Genehmigung von seiner Zeit im Geheimdienst und räumt dem anonymen Bericht aus der Botschaft in Oslo einen prominenten Platz ein. Den Namen des Autors nennt er nicht, deutet aber an, ihn zu kennen.[125] In den folgenden Jahren gehen etliche Anfragen von ehemaligen Kollegen, Journalisten und Wissenschaftlern bei Jones ein, darunter der Historiker Walter Laqueur und der spätere Politiker Rupert Allason, der unter dem Pseudonym Nigel West selbst zum Bestsellerautor über geheimdienstliche Themen avancieren sollte. Auch der österreichische Journalist Günter Peis, der in den 1950er-Jahren den ehemaligen SS-Mann Alfred Naujocks in Hamburg ausgeforscht und die erste Biografie über ihn veröffentlicht hat, meldet sich bei Jones.[126]

Anfang der 1980er-Jahre entdeckt der US-amerikanische Atomphysiker Arnold Kramish die Geschichte des Oslo-Reports für sich – und legt eine neue Theorie zum Autor vor. Kramish, der als junger Wissenschaftler an der Entwicklung der amerikanischen Atombombe im »Manhattan Project« beteiligt war und nach dem Krieg für die US-Atomenergiekommission und in beratender Funktion für die CIA gearbeitet hat, verfügt selbst über gute Geheimdienstkontakte. Bei seinen historischen Recherchen zur Atomforschung in Nazideutschland stößt er immer wieder auf den Namen eines österreichischen Chemikers, der allem Anschein nach eine wichtige Quelle der Alliierten in Bezug auf das deutsche Uranprojekt war: Paul Rosbaud. Kramish findet auch zahlreiche Indizien, die auf eine mögliche Verbindung des 1963 verstorbenen Rosbaud mit dem Oslo-Report hindeuten. »Sind Sie in der Lage, die Sache zu kommentieren?«[127], fragt Kramish Jones in einem Brief im Juni 1983. »Denken Sie, ich überschätze ihn?« Jones, der Rosbaud persönlich gekannt hat, antwortet wie schon in der Vergangenheit auf ähnliche Anfragen: Die Spur sei sehr interessant, »aber

125 Vgl. Jones 2009, S. 71
126 Vgl. Korrespondenz im Nachlass R. V. Jones, Churchill Archives Centre, RVJO B451
127 Brief von Kramish an Jones, 6.6.1983, Nachlass R. V. Jones, Churchill Archives Centre, RVJO B441

Hans Ferdinand Mayer (1895–1980), der Autor des Oslo-Reports, gewann durch seine Arbeit in der Elektroindustrie Einblicke in Rüstungsgeheimnisse des NS-Regimes.

Reginald Victor Jones (1911–1997) erhielt den Oslo-Report als junger britischer Geheimdienstoffizier im November 1939.

Im Hotel Bristol in Oslo verfasste Mayer kurz nach Kriegsbeginn seinen folgenreichen Bericht und schickte ihn an die britische Botschaft.

Großbritannien setzte mit dem Radarsystem »Chain Home« auf umfangreiche Luftraumüberwachung.

Das von der Wehrmacht zur Flugabwehr eingesetzte Radargerät »Würzburg« wurde im Oslo-Report beschrieben.

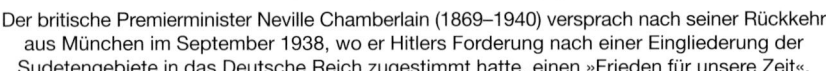

Der britische Premierminister Neville Chamberlain (1869–1940) versprach nach seiner Rückkehr aus München im September 1938, wo er Hitlers Forderung nach einer Eingliederung der Sudetengebiete in das Deutsche Reich zugestimmt hatte, einen »Frieden für unsere Zeit«.

Die Women's Auxiliary Air Force, eine Einheit von Frauen in der Royal Air Force, spielte bei der britischen Verteidigung gegen deutsche Luftangriffe eine wichtige Rolle.

Winston Churchill (1874–1965) erkannte die militärische Bedeutung des Radars früh.
Der vehemente Gegner der Appeasement-Politik Chamberlains wurde 1940
dessen Nachfolger als britischer Premierminister.

Der Nobelpreisträger und fanatische Antisemit Philipp Lenard (1862–1947) nahm nicht nur als Physiker Einfluss auf Hans Ferdinand Mayers Leben. Nach Mayers Verhaftung durch die Gestapo setzte sich Lenard bei Heinrich Himmler für seinen ehemaligen Doktoranden und Assistenten ein – ohne vom Oslo-Report zu wissen.

Die in Peenemünde entwickelte Großrakete »V2« war das erste menschengemachte Objekt im All. Als Waffe tötete sie mehr als 8000 Menschen, noch viel mehr starben bei der Produktion durch Zwangsarbeit.

Als NASA-Ingenieur und »Vater der Mondlandung« wurde Wernher von Braun (1912–1977) weltberühmt. Zuvor war er als Mitentwickler der V2-Rakete tief in das NS-Regime verstrickt gewesen.

R. V. Jones (vorne ganz links) und Hans Ferdinand Mayer (zweite Reihe rechts, mit Brille) besuchten 1955 eine Konferenz in München. Es war ihre erste und einzige persönliche Begegnung.

es wird wahrscheinlich noch einige Zeit dauern, bis ich mich dazu äußern kann«.[128]

Damit beginnt eine jahrelange Korrespondenz der beiden Physiker über den Oslo-Report, die im Lauf der Zeit zunehmend verbitterte und beleidigte Züge annimmt. Kramish ist schon bald vollends davon überzeugt, den Autor identifiziert zu haben, und fördert tatsächlich beeindruckende Details über Paul Rosbaud zutage: Der weltgewandte Wissenschaftler und entschiedene NS-Gegner riskierte jahrelang sein Leben, um gegen das Regime zu arbeiten.

Rosbaud, 1896 in Graz geboren, war seit 1932 als Berater für den Berliner Wissenschaftsverlag Springer tätig und in Forscherkreisen bestens vernetzt. Durch seine Arbeit für den Verlag, der unter anderem die renommierte Fachzeitschrift *Die Naturwissenschaften* herausgab, verfügte er über ausgezeichnete Kontakte zur wissenschaftlichen Elite Deutschlands und stand gleichzeitig mit zahlreichen wichtigen Forschern und Institutionen im Ausland in Verbindung. Um internationale Wissenschaftler für Publikationen anzuwerben, reiste er für den Springer-Verlag um die Welt. Damit verfügte er über ideale Voraussetzungen für einen Agenten.

1938 schickte Rosbaud seine jüdische Frau Hilde und die gemeinsame Tochter Angela nach Großbritannien, um sie vor den antisemitischen Verfolgungsmaßnahmen des NS-Regimes zu schützen. Ermöglicht wurde die Ausreise durch einen Kontakt zum britischen Geheimdienstoffizier Frank Foley, der zu dieser Zeit die Außenstelle des MI6 in Berlin leitete und getarnt als Botschaftsbeamter für Passangelegenheiten schätzungsweise rund zehntausend Jüdinnen und Juden zur Flucht aus Deutschland verhalf. Rosbaud selbst entschied sich dagegen, das Land zu verlassen – er blieb, um aktiv gegen das Regime zu arbeiten und verfolgten Menschen zu helfen.

Zu diesen zählte etwa die österreichische Physikerin Lise Meitner. Die international anerkannte Wissenschaftlerin, die gemeinsam mit ihrem Forschungspartner Otto Hahn das Kaiser-Wilhelm-Institut für

---

128 Brief von Jones an Kramish, 13.6.1983, Nachlass R. V. Jones, Churchill Archives Centre, RVJO B440

Chemie in Berlin-Dahlem leitete, war nach der Machtübernahme der Nationalsozialisten aufgrund ihrer jüdischen Herkunft in Berlin zunehmend in Isolation geraten. Mit dem »Anschluss« Österreichs an das nationalsozialistische Deutschland im März 1938 verschlechterte sich ihre Lage dramatisch: Mit einem Mal galt sie als »reichsdeutsche Jüdin« und durfte das Land nicht mehr verlassen – die Emigration wurde ihr von den Behörden explizit untersagt. Ein Kreis aus engen Freunden und Kollegen, zu dem auch Paul Rosbaud zählte, suchte fieberhaft nach einer Möglichkeit, Meitner außer Landes zu bringen. Im Juli 1938 gelang ihr schließlich die riskante Flucht über die Niederlande und Dänemark nach Schweden – auch dank Rosbauds Unterstützung.[129]

Nur ein halbes Jahr später machte Meitner im Exil ihre wichtigste wissenschaftliche Entdeckung, die eine neue Ära einläuten sollte – physikalisch und militärisch: Im Dezember 1938 gelang ihr gemeinsam mit ihrem Neffen Otto Robert Frisch die theoretische Erklärung der Kernspaltung. Bis zu ihrer Flucht aus Deutschland hatte Meitner mit den Chemikern Otto Hahn und Fritz Straßmann Experimente durchgeführt, bei denen Uran mit Neutronen beschossen wurde. Die beiden Chemiker setzten die Arbeit fort und stießen im Dezember auf völlig unerwartete Ergebnisse. Hahn schickte die »physikalisch absurden«[130] Resultate per Brief an Meitner und bat um eine Erklärung. Die Physikerin realisierte schnell: Hier lag eine Atomkernspaltung vor. Berechnungen mit Frisch ergaben außerdem, dass bei einem solchen Prozess gewaltige Mengen an Energie freigesetzt würden.

Nun kam wieder Rosbaud ins Spiel. Er veranlasste, dass die aufsehenerregenden Resultate umgehend an die Öffentlichkeit kamen – und ließ in letzter Minute einen bereits gesetzten Artikel aus der nächsten Ausgabe der *Naturwissenschaften* nehmen, um stattdessen die Messergebnisse von Hahn und Straßmann zu bringen. Kramish vermutet, dass nicht nur publizistischer Ehrgeiz hinter dieser Eile stand: Rosbaud

---

129 Vgl. Rennert, Traxler 2018, S. 126 f.
130 Brief von Hahn an Meitner am 21.12.1938. In: Archiv der Max-Planck-Gesellschaft, Berlin, III. Abt., Rep. 14, Nr. 4911

könnte das zerstörerische Potenzial dieser Entdeckung bereits erahnt und versucht haben, mit der sofortigen Publikation einer drohenden Zensur durch die NS-Behörden zuvorzukommen. Klar ist: Es blieb nicht das einzige Mal, dass Rosbaud für eine rasche Veröffentlichung deutscher Erkenntnisse zur Kernspaltung sorgte.[131]

Schon bald fielen Arbeiten dazu aber tatsächlich unter strenge Geheimhaltung, nicht nur in Deutschland. Mehrere Staaten arbeiteten an der militärischen Nutzung des Prozesses. Damit begann Rosbauds vermutlich wichtigste Tätigkeit während des Kriegs: Durch seine Kontakte zu den führenden in Deutschland verbliebenen Physikern wusste er über die Vorgänge im sogenannten Uranverein Bescheid, der sich mit der technischen Nutzbarmachung der Kernspaltung und auch mit der Machbarkeit von Atomwaffen befasste. Rosbauds Berichte konnten die Befürchtungen der Alliierten über ein fortgeschrittenes deutsches Atomwaffenprogramm zerstreuen, wie Jones nach dem Krieg berichtet: »Seine Informationen zeigten, dass die deutschen Entwicklungen im Bereich der Kernenergie kein Ausmaß erreichten, das notwendig gewesen wäre, um eine Bombe zu bauen.«[132]

Wie Kramish herausfindet, dürfte Rosbaud aber auch andere wichtige Informationen weitergegeben haben, unter anderem soll auch er vor der deutschen Invasion Norwegens 1940 und vor der Raketenproduktion in Peenemünde gewarnt haben. Seine Berichte schmuggelte Rosbaud auf unterschiedlichen, teils abenteuerlichen Wegen ins Ausland, nicht selten mithilfe der norwegischen Widerstandsgruppe XU. Kramish zufolge war Rosbaud von Ende August bis Mitte September 1939 auch selbst in Oslo und traf dort befreundete Wissenschaftler, die vermutlich über seine Aktivitäten Bescheid wussten und ihn womöglich auch dabei unterstützten. Er war demnach also nur wenige Wochen,

---

131 Er war im Juni 1939 auch in eine aufsehenerregende Publikation von Hahns Assistenten Siegfried Flügge involviert, in der dieser Überlegungen zur technischen Nutzbarkeit der Kernspaltung anstellte, vgl. Flügge 1939
132 Brief von Jones an Nicholas Kurti, 6.3.1980. Nachlass R. V. Jones, Churchill Archives Centre, RVJO B450

bevor der Oslo-Report in der britischen Botschaft einlangte, vor Ort. Zudem war auch Rosbauds MI6-Kontakt aus Berlin, Frank Foley, inzwischen in die norwegische Hauptstadt gewechselt und nunmehr in der dortigen britischen Botschaft offiziell für Passangelegenheiten zuständig. Kramish ist sicher: Rosbaud muss Anfang November nach Oslo zurückgekehrt sein und den Report mithilfe seines norwegischen Netzwerks den Briten zugespielt haben. Alles passt zusammen – oder? Jones widerspricht mit zunehmender Vehemenz.

Als klar wird, dass Kramish vor der Veröffentlichung eines Buchs über Rosbaud steht, in dem er ihn als Verfasser des Reports enthüllen will, warnt Jones eindringlich: »Ich muss Ihnen sagen, dass ich Rosbaud nach dem Krieg mehrmals getroffen habe und durch Beweise, die ich im Moment nicht vorlegen, aber hoffentlich in ein oder zwei Jahren veröffentlichen kann, weiß, dass jemand anderer den Oslo-Report geschrieben hat. Mir ist klar, wie viel interessante und sorgfältige Arbeit Sie in Rosbaud gesteckt haben, und ich bin sicher, dass Ihr Buch sein Andenken ehren wird. Aber ich möchte Sie dringend bitten, lediglich als Spekulation zu äußern, dass er der Autor des Oslo-Reports gewesen sein könnte – denn die Wahrheit lautet anders.«[133]

1986 erscheint Kramishs Buch *The Griffin – The greatest untold espionage story of World War II*, im Jahr darauf folgt die deutsche Ausgabe unter dem Titel *Der Greif. Paul Rosbaud – der Mann, der Hitlers Atompläne scheitern ließ*. Ungeachtet aller Warnungen wird Rosbaud darin tatsächlich als Urheber des Oslo-Reports präsentiert, sehr zum Ärgernis von Jones. Kramish erwähnt in seinem Buch zwar, dass Jones ihm widersprochen habe, der Nachsatz dürfte dem britischen Physiker, durch den die Welt überhaupt erst von der Existenz des Reports erfahren hat, aber sauer aufgestoßen sein: »Bei allem Respekt vor R. V. Jones gab es doch Leute, die während des Krieges öfter als er mit dem Original des Oslo-Reports zu tun hatten.«[134]

---

133 Brief von Jones an Kramish, 3.7.1986, Nachlass R. V. Jones, Churchill Archives Centre, RVJO B442
134 Kramish 1987, S. 97

Kramish untermauert seine Enthüllung mit einer Reihe von Indizien, Anekdoten und Spekulationen, einen Beweis kann er aber nicht vorlegen. An offensichtlich fiktiven Ausschmückungen mangelt es seiner Spionagegeschichte nicht. Fakten, die nicht in sein Bild passen, wischt er weg: etwa die dokumentierte Aussage Rosbauds, er habe nach Ausbruch des Kriegs erst wieder im Dezember 1939 Kontakt mit seinen norwegischen Freunden gehabt. Wie passt das zu Rosbauds angeblicher Anwesenheit in Oslo im November? »Rosbaud war mit Datierungen immer ungenau und könnte sich im Monat geirrt haben«, mutmaßt Kramish. »Dass ihm ein solcher Fehler unterlaufen ist, liegt angesichts der Umstände nahe.«[135]

Jones findet es »unerklärlich, dass jemand wie Kramish manchmal so akribisch genau sein kann, nur um dann wieder völlige Unwahrheiten zu erfinden«[136] – und holt Anfang 1987 in einer Rezension des Buchs im renommierten Fachblatt *Nature* zum Gegenschlag aus. Darin würdigt er Rosbauds mutige Taten und bestätigt dessen wichtige Arbeit für Großbritannien, vor allem in Bezug auf die deutsche Atomforschung. Die Erzählung davon allein würde Kramishs Biografie rechtfertigen. In anderen Punkten lasse sich Kramish aber in Ermangelung von Fakten zu sehr von Spekulationen leiten. »Doch eigentlich bedarf es keiner Spekulationen, denn Rosbaud hat den Oslo-Report nicht geschrieben: Ich weiß, dass er weder mit dessen Entstehung noch der Weitergabe etwas zu tun hatte.«[137]

Bis heute ist Kramishs Buch die einzige vorliegende Biografie über Paul Rosbaud. Eine abschließende Bewertung von dessen Spionagetätigkeit im Zweiten Weltkrieg ist noch nicht möglich, die Akten werden vom britischen Secret Intelligence Service nach wie vor unter Verschluss gehalten. Daran änderten auch Initiativen zur öffentlichen Würdigung seiner mutigen Widerstandshandlungen in der jüngeren

---

135 Ebenda, S. 103
136 Brief von Jones an Charles Frank, 14.2.1994, Nachlass R. V. Jones, Churchill Archives Centre, RVJO B443
137 Jones 1987, S. 204

Vergangenheit nichts: Der Versuch von Rosbauds Familie, mit Unterstützung der prominenten Anwältin Cherie Booth, Frau des ehemaligen Premierministers Tony Blair, gerichtlich eine Veröffentlichung seiner Akten zu erwirken, wurde 2007 abgewiesen.[138]

Eine Involvierung in den Oslo-Report beanspruchte Rosbaud nie. Sein Neffe Vincent Frank-Steiner, der Rosbauds Nachlass bis 2018 verwaltete, nennt Kramishs Theorie einen Irrweg, was die bemerkenswerten Taten seines Onkels aber nicht schmälere.[139]

Fest steht, dass Rosbaud eine wichtige Informationsquelle für Großbritannien war und sein Leben im Widerstand gegen die Nationalsozialisten riskiert hat – viele Menschen waren ihm für seine Hilfe dankbar. Als der Krieg vorbei war, konnte Rosbaud sein Glück kaum fassen: »Ich habe den größten Triumph meines Lebens erlebt«, schrieb er 1945 an Lise Meitner, mit der er zeit seines Lebens in Kontakt blieb. »Ich existiere und diejenigen, die uns alle vernichten wollten, sind für immer verschwunden. Ich hatte in den letzten Monaten nicht mehr viel Hoffnung, das Ende selbst zu überleben, aber ich wusste, woran ich nie gezweifelt habe, dass die Tage der Tyrannei gezählt sind, und so nahm ich das persönliche Schicksal nicht zu schwer.«[140]

Kramish hält bis an sein Lebensende unumstößlich daran fest, dass Rosbaud den Oslo-Report geschrieben haben muss. Daran ändert sich auch nichts, als Jones 1989 endlich mit seinen Informationen dazu an die Öffentlichkeit gehen kann und erstmals den Namen des Autors nennt, der ihm seit Jahrzehnten bekannt ist: Hans Ferdinand Mayer.

---

138 Persönliche Auskunft von Rosbauds Neffen Vincent Frank-Steiner an den Verfasser am 24.11.2018. Vgl. auch Bowcott, Owen (2007): Spy left out in the cold: how MI6 buried heroic exploits of agent »Griffin«, in: The Guardian, 22.9.2007, online verfügbar unter www.theguardian.com/uk/2007/sep/22/secondworldwar.past (letzter Zugriff: 5.6.2021)

139 Persönliche Auskunft von Vincent Frank-Steiner am 24.11.2018

140 Brief von Rosbaud an Meitner vom 25.10.1945, Churchill Archives Centre, MTNR 5/15

6. Kapitel:

Von der Front an die Universität

Hans Ferdinand kommt am 23. Oktober 1895 als sechstes Kind von Emilie und Wilhelm Mayer in Pforzheim im deutschen Bundesstaat Baden zur Welt. Die Familie lebt in bescheidenen Verhältnissen. Der evangelische Vater arbeitet als Gasableser, die katholische Mutter, die aus einer Bauern- und Schuhmacherfamilie stammt, kümmert sich um die Kinder. Ferdl, wie Hans Ferdinand in der Familie meist genannt wird, wächst als jüngstes Familienmitglied auf, nachdem ein nach ihm geborenes Kind gestorben ist. Nach und nach verlassen die älteren Geschwister das Haus. Wilhelm, den ältesten Bruder, verschlägt es in die Ferne: Er wandert 1901 als erst 16-Jähriger nach New York aus und nimmt später die US-amerikanische Staatsbürgerschaft an. Im Jahr nach Wilhelms Emigration kommt Hans Ferdinand in die Volksschule – und zeigt bald großen Wissensdurst und naturwissenschaftliches Interesse. Die Eltern beschließen, ihn später auf eine Oberrealschule zu schicken.[141]

Ab 1907 besucht Hans Ferdinand die Friedrichsschule in Pforzheim. Die finanzielle Lage der Familie ist nicht einfach, Emilie und Wilhelm hoffen aber, ihrem jüngsten Sohn nach dem Abitur ein Hoch-

---

141 Vgl. Johnson 2017, S. 12

schulstudium ermöglichen zu können. Er wäre der erste Student in der Familie. Aber noch ehe Hans Ferdinand die Schule abschließen kann, verändert ein Attentat in Sarajevo den Lauf der Weltgeschichte und hat auch auf das Leben des inzwischen 18-jährigen Schülers in Pforzheim unmittelbare Folgen: Die Ermordung des österreichischen Thronfolgers Franz Ferdinand am 28. Juni 1914 ist der Auftakt zum Ersten Weltkrieg – und löst eine enorme Euphorie und Kriegsbegeisterung aus. In Österreich-Ungarn und Deutschland geraten auch zahlreiche Intellektuelle, Künstler und Wissenschaftler in einen nationalistischen Kriegstaumel und sind von einem raschen Sieg überzeugt. Viele melden sich freiwillig zum Kriegsdienst, auch Hans Ferdinand Mayer will lieber an die Front, als sein letztes Schuljahr vor dem Abitur anzutreten. Am 4. August 1914 meldet er sich beim 14. Badischen Artillerieregiment in Karlsruhe.[142]

Ein folgenschweres Ereignis just an Mayers 19. Geburtstag setzt dem enthusiastischen Kriegsdienst des jungen Mannes aber schon nach wenigen Wochen ein Ende: Am 23. Oktober 1914 wird Mayer im Kampf gegen französische Truppen schwer am Bein verwundet und in der Folge von einem Feldlazarett ins nächste überstellt. Seine Verletzungen machen die Rückkehr an die Front unmöglich.[143]

Noch während der Grundausbildung für ein Ersatzbataillon wird Mayer am 19. Dezember ein sogenanntes kriegsbedingtes Notabitur zugesprochen, das es ihm ermöglicht, ab dem Sommersemester 1915 ein Hochschulstudium aufzunehmen. Seine Wahl fällt auf die Technische Hochschule Karlsruhe, die gerade einmal 30 Kilometer von seinem Geburtsort Pforzheim entfernt ist. Dort schreibt er sich für Mathematik und allgemeinbildende Fächer ein.[144] Sein prall gefüllter Stundenplan umfasst Infinitesimalrechnung, Darstellende Geometrie, Physik und Organische Chemie ebenso wie die Geschichte der theoretischen und

---

142 Vgl. Hagenauer, Pabst 2014, S. 14
143 Vgl. Brief von Peter Mayer an R. V. Jones vom 3.2.1989, Churchill Archives Centre, RVJO B435
144 Vgl. Hagenauer, Pabst 2014, S. 14

angewandten Pädagogik oder Zoologie und Botanik. Im Wintersemester 1915 verbringt Mayer pro Woche 32 Stunden in Lehrveranstaltungen und sieben Stunden im Labor.[145]

Die schwere Verletzung, die er sich zu seinem 19. Geburtstag zugezogen hat, bringt schließlich auch etwas Gutes mit sich: Mayer wird nicht nur dauerhaft vom Militärdienst befreit, ihm wird ab November 1915 auch ein staatliches Stipendium gewährt, wodurch er erstmals weitgehend finanziell unabhängig ist und sich eine kleine Wohnung in der Gottesauer Straße 33a leisten kann.[146] Seine »Abgangs-Bescheinigung« der Technischen Hochschule Karlsruhe datiert auf den 27. Februar 1917 und bescheinigt ihm, vier Semester lang als ordentlicher Studierender Mathematik und allgemeinbildende Fächer studiert zu haben.[147]

Studium in Heidelberg

Im Anschluss wechselt Mayer an die ebenfalls nicht weit entfernte Universität Heidelberg. Im Gegensatz zur Technischen Hochschule verfügt diese über das Promotionsrecht und ermöglicht Mayer damit eine weiterführende akademische Ausbildung. Der dortige Ordinarius für Experimentalphysik ist einer der bekanntesten Wissenschaftler seiner Zeit: Philipp Lenard. Dass er einen gewichtigen Einfluss auf Mayers Leben nehmen wird, hat nicht nur mit seiner physikalischen Genialität zu tun.

Der 1862 in Pressburg (Bratislava) geborene Lenard hat sich 1892 mit einer Arbeit über Elektrizität als Assistent von Heinrich Hertz in Bonn habilitiert. Nach Hertz' frühem Tod mit nicht einmal 37 Jahren im Januar 1894 machte sich Lenard daran, dessen gesammelte Werke her-

---

145 Vgl. Johnson 2017, S. 26
146 Vgl. ebenda, S. 27
147 Vgl. ebenda, S. 28

auszugeben und auch die gemeinsame wissenschaftliche Arbeit fortzusetzen. Ins Zentrum seiner Aufmerksamkeit sind dabei immer stärker Kathodenstrahlen gerückt. Mit diesen technisch erzeugten negativ geladenen Strahlenbündeln hat er verschiedene Experimente durchgeführt, so beschäftigte er sich etwa mit dem Durchgang von Kathodenstrahlen durch dünne Metallschichten oder Luft.

Für seine Untersuchungen entwickelte Lenard eine spezielle Entladungsröhre, die als »Lenard-Fenster« bezeichnet wird: Indem er eine dünne Aluminiumfolie am Ende der Entladungsröhre anbrachte, konnte er die Kathodenstrahlen noch besser studieren. Seine Arbeiten sollten wesentlich dazu beitragen, den korpuskularen Charakter von Kathodenstrahlen aufzuklären. Die Priorität der Entdeckung des negativ geladenen Elementarteilchens Elektron wurde allerdings dem britischen Physiker Joseph John Thomson eingeräumt – was Lenard in tiefe Verbitterung stürzte.

Zeitgleich überwarf sich Lenard noch mit einem weiteren Kollegen, auch dabei ging es um die Priorität einer fundamentalen Entdeckung: die Röntgen-Strahlen. Denn für seine epochalen Experimente, die zum Durchbruch führen sollten, nutzte Wilhelm Conrad Röntgen das Prinzip des »Lenard-Fensters«. Grund genug für Lenard, Röntgen zu beschuldigen, ihm die Entdeckung gestohlen zu haben.[148] Dass Röntgen 1901 den ersten je vergebenen Nobelpreis für Physik zugesprochen bekommt, und zwar allein, obwohl Lenard von sechs Vorschlagsberechtigten als Ko-Laureat empfohlen wurde[149], verschärft die Spannungen noch zusätzlich.

Allen Zerwürfnissen zum Trotz wurde Lenard 1905 schließlich ebenfalls mit dem Nobelpreis für Physik ausgezeichnet – vier Jahre nach Röntgen und ein Jahr vor Thomson, der die hohe Auszeichnung 1906 erhielt. Bemerkenswert ist die Tatsache, dass J. J. Thomson für den Nachweis des Elektrons und somit den Nachweis des Teilchen-

---

148 Vgl. Peters, Weckbecker 1983, S. 61
149 Vgl. Nobelprize.org, Nomination Archive, www.nobelprize.org/nomination/archive/show_people.php?id=5373, letzter Zugriff: 13.5.2021

charakters von Kathodenstrahlung ausgezeichnet wurde. Sein Sohn George Paget Thomson sollte in die Fußstapfen seines Vaters treten und 1937 gemeinsam mit Clinton Joseph Davisson ebenfalls mit dem Nobelpreis für Physik geehrt werden – und das gewissermaßen für die gegenteilige Entdeckung: Ihm gelang der Nachweis des Wellencharakters von Elektronen.

Als Hans Ferdinand Mayer 1917 in Heidelberg inskribiert, ist Lenard bereits seit zehn Jahren Direktor des dortigen Instituts für Physik und Radiologie und verkörpert gewissermaßen den Idealtypus eines Universitätsprofessors im Humboldt'schen Verständnis der forschungsgeleiteten Lehre. Lenard wird bald auf den talentierten Mayer aufmerksam und verschafft ihm eine Stelle als Hilfsassistent an seinem Institut. Mayer wird die Erwartungen seines Mentors nicht enttäuschen.

Nobelpreisträger auf Abwegen

Die Physik ist für Lenard nicht alles. Sein radikaler Deutschnationalismus ist spätestens seit Beginn des Ersten Weltkriegs weithin bekannt, zunehmend tritt auch sein Antisemitismus offen zutage. Der Physiker sieht den Krieg als einen Kampf zwischen der »deutschen Kultur« und der »westlichen Zivilisation« und lässt in einer Hetzschrift gegen England keine Zweifel an seinem arroganten Überlegenheitsdenken offen. Wissenschaftliche Ehrungen aus Großbritannien legt er demonstrativ zurück und lässt sogar öffentlichkeitswirksam die Rumford-Medaille einschmelzen, die ihm von der Londoner Royal Society 1896 verliehen worden ist.[150] Auch sein Student Mayer ist in deutschnationalen Kreisen sozialisiert und engagiert sich nicht nur wissenschaftlich. Als Mitglied einer schlagenden Burschenschaft trägt er beim Mensur-

---

150 Vgl. Lenard, Schirrmacher 2010, S. 11

Fechten einige tiefe »Schmisse« im Gesicht davon. Stolz auf die Narben wird Mayer für den Rest seines Lebens aber nicht sein: Jahrzehnte später erzählt er seinen Kindern, sie würden von einem Autounfall stammen.[151]

Während seiner Dissertation ist Mayer einer der engsten Mitarbeiter seines Doktorvaters Lenard, die beiden publizieren gemeinsame Arbeiten und widmen sich dabei Themen, die ganz nach Lenards Geschmack sind: Nicht die neue Atomphysik oder die Relativitätstheorie werden untersucht, sondern traditionellere Fragestellungen zu Elektrizität und Molekülbewegungen. 1919 erscheinen gemeinsame Arbeiten in den renommierten *Annalen der Physik*, im selben Jahr reicht Mayer auch die erste wissenschaftliche Publikation ein, bei der er als alleiniger Autor aufscheint.

Mayers Aufsatz[152] erscheint 1920 ebenfalls in den *Annalen der Physik* und macht sein wissenschaftliches Talent deutlich: Er beschäftigt sich darin mit der Bewegung von Molekülen und kinetischer Gastheorie. Im Zentrum stehen Differenzen der Untersuchungen zu Molekülbewegungen von einerseits Lenard aus dem Jahr 1900 und andererseits dem angesehenen französischen Physiker Paul Langevin aus den Jahren 1903 und 1905. Wenig überraschend rückt Mayer zur Ehrenverteidigung seines Mentors aus: »Man hat nun – sehr zu Unrecht – versucht, die Formel Herrn Langevins als die allein richtige hinzustellen, ohne dass es bis heute jemand unternommen hätte, die Theorien Herrn Lenards und Herrn Langevins auf den Grad ihrer Genauigkeit zu vergleichen«[153], schreibt Mayer in der Einleitung seines Artikels.

Minutiös führt er auf den nachfolgenden Seiten die jeweiligen Annahmen der beiden Kontrahenten und die resultierenden mathemati-

---

151 Vgl. Hagenauer, Pabst 2014, S. 75. Ob Mayer schon zu seiner Studienzeit in Karlsruhe oder erst in Heidelberg in eine Studentenverbindung eintrat, ist unklar. Die in der Literatur genannte Burschenschaft »Frankonia Heidelberg« hat eine Mitgliedschaft Mayers in ihrer Verbindung jedenfalls gegenüber dem Verfasser dementiert.

152 Vgl. Mayer, Hans Ferdinand (1920): Kritik zur Wanderungsgeschwindigkeitsformel Herrn Langevins. In: Annalen der Physik (62), S. 358–370

153 Ebenda, S. 359

schen Unterschiede ihrer Ableitungen aus und verdeutlicht dabei nicht nur, dass die Formel von Langevin an »einem prinzipiellen Mangel leidet«[154], sondern zeigt auch auf, dass Langevins Fehler in einer bestimmten Vorannahme zur Geschwindigkeitsverteilung der Teilchen zu finden ist, die aber nicht generell gültig ist. Mayer ist in seiner Arbeit also gelungen, eine Unzulänglichkeit in den Überlegungen eines angesehenen Kollegen aufzuzeigen und auszuführen, wie diese korrigiert werden kann – und die Erkenntnisse in der renommiertesten Fachzeitschrift seiner Zeit zu publizieren. Dass diese an sich beachtliche Leistung nicht mehr Staub in der Fachwelt aufwirbelt, ist vor allem damit zu erklären, dass sich die Mehrheit der Physiker und Physikerinnen – darunter auch Langevin – bereits ganz anderen Fragen der modernen Physik zugewendet hat als jenen, die Lenard und Mayer immer noch beschäftigen.[155]

Im Januar 1920 promoviert Hans Ferdinand Mayer summa cum laude mit einer Arbeit »Über das Verhalten von Molekülen gegenüber freien langsamen Elektronen«.[156] Lenard lobt die Arbeit als »herausragende Leistung« und hebt Mayers theoretische und experimentelle Fähigkeiten hervor.[157]

Auch nach Abschluss seiner Dissertation bleibt Mayer als Assistent bei Lenard. Er zählt damit genau zu jener Zeit zu Lenards engstem Kreis, als sich dieser erneut mit einem Fachkollegen anlegt. Diesmal geht es nicht um die Priorität einer Entdeckung, sondern vielmehr um Politik, NS-Ideologie und antisemitischen Rassenwahn: Ab 1920 distanziert sich Lenard zunehmend von Albert Einsteins Theorien, im Verlauf der 1920er- und 1930er-Jahre rücken bei seinen Attacken wissenschaftliche Argumente immer mehr in den Hintergrund – zugunsten völkischer Ideologie und antisemitischer Hetze.[158]

---

154 Ebenda, S. 364
155 Vgl. Johnson 2017, S. 40
156 Vgl. Hagenauer, Pabst 2014, S. 14
157 Vgl. Johnson 2017, S. 41
158 Vgl. Hagenauer, Pabst 2014, S. 14

Einstein dürfte spätestens im Jahr 1897 zum ersten Mal von Lenard gehört haben: Der damals 18-Jährige studierte zu dieser Zeit im dritten Semester am Polytechnikum in Zürich und erhielt am 20. Oktober von seiner Studienkollegin, Freundin und späteren ersten Frau Mileva Marić einen Brief aus Heidelberg, in dem sie etwas schwülstig berichtet: »Ich wandle jetzt, wie Sie schon erfahren haben unter deutschen Eichen im lieblichen Neckartale, das jetzt leider schlegeldicken Nebels [sic] schamhaft seine Reize verhüllen, und ich kann mir meine Augen rausgucken ich sehe doch nur ein gewisses Etwas, o öde und grau wie die Unendlichkeit. [...] O das war zu nett gestern in der Vorlesung von Prof. Lenard, er spricht jetzt über die Kinetische Wärmetheorie der Gase.«[159]

Wenige Jahre später nahm auch Lenard von Einstein Notiz: Im Zentrum des Geschehens stand dabei ein an sich recht harmloses Phänomen, das die Physik aber gehörig durcheinanderbringen sollte – der sogenannte photoelektrische Effekt. Wie Alexandre Edmond Becquerel bereits Mitte des 19. Jahrhunderts festgestellt hat, ist es möglich, Ladungsträger aus einer Metalloberfläche freizusetzen, wenn diese mit Licht beschienen wird. Hertz, Lenard[160] und andere führten noch präzisere Messungen durch. Die immer genaueren Resultate machten das Phänomen aber eher noch rätselhafter, anstatt es aufzuklären: So verfestigte sich langsam der – alles andere als intuitive – Zusammenhang, dass die Stärke des Effekts nicht von der Intensität des einfallenden Lichts (also der Amplitude) abhängig ist, sondern von der Farbe (also der Wellenlänge beziehungsweise der Frequenz). Wie war das nur zu erklären?

Kaum ein Physiker, der etwas auf sich hielt, konnte von diesem Problem die Finger lassen. Doch sämtliche Ordinarien und aufstrebenden Assistenten bissen beim Versuch einer Erklärung auf Granit – auch Lenard. Die Lösung wurde ihnen schließlich 1905 von einem völligen

---

159 Einstein 1995, S. 58 f.
160 Vgl. Lenard, Philipp (1900): Erzeugung von Kathodenstrahlen durch ultraviolettes Licht. In: Annalen der Physik 307 (6), S. 359–375

wissenschaftlichen Außenseiter präsentiert, der nicht einmal eine akademische Stelle innehatte, sondern als Patentbeamter in Bern arbeitete: Albert Einstein.

In seinem Annus mirabilis publizierte Einstein nicht nur seine revolutionäre Spezielle Relativitätstheorie sowie die Erklärung der Brownschen Bewegung, sondern konnte endlich auch den photoelektrischen Effekt deuten[161]: Einstein bediente sich dafür einer Hypothese von Max Planck[162] zum Wellencharakter von Licht, wonach die Energie des Lichts proportional zur Frequenz ist. Mit der berühmten Formel, wobei E die Energie, v die Frequenz und h das Planck'sche Wirkungsquantum[163] bezeichnet, konnte Einstein endlich eine schlüssige Beschreibung liefern. Die Fachwelt war elektrisiert: Nicht nur war endlich das hartnäckige Rätsel gelöst, es war nun auch endgültig unausweichlich, sich tatsächlich an den Gedanken zu gewöhnen, dass Licht sowohl Teilchen- als auch Welleneigenschaften hat.

Einstein zitierte Lenards Resultate mehrfach in seiner bahnbrechenden Arbeit und hob auch hervor, dass »mit den von Hrn. Lenard beobachteten Eigenschaften der lichtelektrischen Wirkung unsere Auffassung, soweit ich sehe, nicht im Widerspruch steht«.[164] In der Folge entwickelte sich zwischen Einstein und Lenard eine freundliche Korrespondenz. Lenard adressierte Einstein in einem Brief von 1909 als »Hochverehrter Herr College!« und fuhr fort: »Was kann mich auch mehr freuen, als wenn ein tiefer, umfassender Denker einigen Gefallen an meiner Arbeit findet.«[165] In einem Brief aus dem Jahr 1910 an den Physiker Jakob Laub, der zunächst bei Einstein gearbeitet hatte und später bei Lenard, beschrieb Einstein Lenard als

161 Vgl. Einstein, Albert (1905): Über einen die Erzeugung und Verwandlung des Lichtes betreffenden heuristischen Gesichtspunkt. In: Annalen der Physik 322 (6), S. 132–148
162 Vgl. Planck, Max (1901): Über das Gesetz der Energieverteilung im Normalspectrum. In: Annalen der Physik 309 (3), S. 553–563
163 Naturkonstante mit dem Wert h = 6,6262 * 10-34 J s
164 Einstein, Albert (1905): Über einen die Erzeugung und Verwandlung des Lichtes betreffenden heuristischen Gesichtspunkt. In: Annalen der Physik 322 (6), S. 147
165 Zitiert nach Schönbeck 2000, S. 10

»nicht nur geschickten Meister in seiner Zunft, sondern wirklich ein Genie«.[166]

Doch die Freundlichkeiten und der höfliche Umgangston sollten nicht von Dauer sein. Schon im darauffolgenden Jahr entzweiten die beiden ihre divergierenden Ansichten zur Existenz des Äthers: Während Lenard überzeugt war, dass das Universum von einem durchsichtigen Medium erfüllt sei, erteilte Einstein der Äther-Hypothese mit seiner Relativitätstheorie eine klare Absage. Am 27. August 1910 witzelte Einstein über Lenard in einem Brief an Laub, der sich zunehmend über die Behandlung durch den Heidelberger Ordinarius und die rückwärtsgewandte Atmosphäre an dessen Institut beklagte: »Lenard muss aber in vielen Dingen ›sehr schief gewickelt‹ sein. Sein Vortrag von neulich über diese abstruse Ätherei erscheint mir fast infantil.«[167] In einem Brief von Einstein an Laub vom November kamen auch persönliche Differenzen klar zum Ausdruck: »Das ist wirklich ein verdrehter Kerl, der Lenard! So ganz aus Galle und Intrigue zusammengesetzt.«[168] Im Sommer 1911 schrieb Einstein dann ganz unverblümt an Laub: »Lenard und seine Genossen sind und bleiben abscheuliche Schweine.«[169]

Relativität und »arische Physik«

In den darauffolgenden Jahren brach der Kontakt zwischen Lenard und Einstein wenig überraschend ab. Erst ab 1915, als Einstein seine Arbeiten zur Allgemeinen Relativitätstheorie veröffentlichte, kreuzten sich die Wege der beiden erneut. Während Lenard der Speziellen Relativitätstheorie zunächst noch aufgeschlossen begegnet war, lehnte er die All-

---

166 Ebenda, S. 9
167 Ebenda, S. 14
168 Ebenda
169 Ebenda, S. 16

gemeine Relativitätstheorie von Anfang an entschieden ab. 1917 beteiligte sich Lenard zudem an einer Attacke gegen Einstein, um diesem die Priorität bei der Erklärung der Perihelbewegung durch die Allgemeine Relativitätstheorie strittig zu machen.[170]

Der Ursprung der fachlichen Auseinandersetzungen zwischen Einstein und Lenard ist vor allem darin zu finden, dass Lenard noch ganz im Weltbild der klassischen Physik verhaftet war und dazu wichtige experimentelle Beiträge geleistet hatte. Einstein wiederum war ein Hauptprotagonist der modernen Physik, deren theoretische Grundlagen und mathematische Ausführungen Lenard nur allzu fremd erschienen. So kritisierte Lenard beispielsweise an Einsteins Allgemeiner Relativitätstheorie, dass diese mit »Zumutungen an den einfachen Verstand« verbunden sei, weil man sich keine einzige Folge der Theorie intuitiv vorstellen könne.[171] Letztlich stand hinter dem Zwist auch die Frage, ob experimentelle Befunde oder theoretische Überlegungen wesentlicher für den Fortschritt der Physik sind. Für Lenard lag die Priorität klar auf Ersteren, umso mehr fühlte er sich übergangen, wenn theoretischen Arbeiten wie jenen von Einstein mehr fachliche Anerkennung zuteilwurde.

Neben den wissenschaftlichen Debatten tun sich im Verlauf der 1920er- und 1930er-Jahre auch andere Gräben zwischen den beiden auf. Auf der einen Seite steht Einstein, der bekennende Pazifist, überzeugte Demokrat und Weltbürger, der mit seinem ungezwungenen Auftreten besticht und international immer mehr ins Rampenlicht rückt. Lenard dagegen ist von Enttäuschung und Bitterkeit gezeichnet: Er hat den Krieg als glühender Nationalist enthusiastisch begrüßt und die deutsche Niederlage nicht verwunden. Lenard verabscheut die Weimarer Republik und entwickelt einen immer ausgeprägteren Chauvinismus, der zunehmend von Antisemitismus geprägt ist.

---

170 Vgl. ebenda, S. 19
171 Ebenda, S. 21

Seine fortschreitende Radikalisierung zeigt Lenard nicht nur im Hörsaal. Nach einem Mordversuch an Reichsfinanzminister Matthias Erzberger, der 1918 als Bevollmächtigter der deutschen Regierung das Waffenstillstandsabkommen von Compiègne unterzeichnet hatte und seither einer massiven rechtsradikalen Hetzkampagne ausgesetzt war, schickt Lenard Anfang 1920 eine Glückwunschkarte an die Eltern des Attentäters. Als zwei Jahre später der deutsche Außenminister Walther Rathenau von antidemokratischen Terroristen ermordet wird, weigert sich Lenard, an seinem Institut die angeordnete Staatstrauer zu befolgen. Als Jude und liberaler Politiker galt Rathenau – ein enger Freund Albert Einsteins – der nationalistischen, antisemitischen Rechten als Feindbild und war für seine Verständigung mit den Alliierten vehementen Angriffen ausgesetzt gewesen. Lenard hält den Institutsbetrieb am Tag des Staatsbegräbnisses gegen die Anweisung des Landes demonstrativ aufrecht und verweigert die Trauerbeflaggung. Nach tumultartigen Protesten kommt es zu einem Disziplinarverfahren gegen Lenard, das jedoch letztlich folgenlos bleibt.[172]

Der endgültige Bruch zwischen Einstein und Lenard ist zu dieser Zeit schon vollzogen: Als Einsteins Allgemeine Relativitätstheorie durch die Beobachtung einer Sonnenfinsternis 1919 die erste experimentelle Bestätigung erfährt, wird Einstein auf einen Schlag weltberühmt – und in Deutschland zunehmend zum Ziel antisemitischer Anfeindungen. Lenards Ablehnung der Relativitätstheorie mündet in der Folge in eine regelrechte Anti-Einstein-Kampagne und bereitet das Feld für die Agenden der nationalsozialistisch geprägten »Deutschen Physik«, die eine »rassische, blutsmäßig bedingte Wissenschaft«[173] postuliert.

In der aufgeheizten Stimmung wird auch Einstein persönlich und schreibt über Lenard in einem Zeitungsartikel für das *Berliner Tageblatt* vom 27. August 1920: »Ich bewundere Lenard als Meister der

---

172 Vgl. Lenard, Schirrmacher 2010, S. 13 f.
173 Lenard 1936, S. IX

Experimentalphysik; in der theoretischen Physik aber hat er noch nichts geleistet, und seine Einwände gegen die allgemeine Relativitätstheorie sind von solcher Oberflächlichkeit, dass ich es bis jetzt nicht für nötig erachtet habe, ausführlich auf dieselben einzugehen.«[174] Ende September kommt es dann bei der Tagung der Deutschen Naturforscher und Ärzte in Bad Nauheim zu einem emotionalen Eklat zwischen Einstein und Lenard, nach dem beide die Tagung überstürzt verlassen.[175]

In der Folge tritt Lenard aus der Deutschen Physikalischen Gesellschaft aus und verwehrt Mitgliedern der Gesellschaft, sein Institut in Heidelberg zu betreten. Ab 1924 bekennt sich der Physiker offen zu Adolf Hitler, mit dem er im Jahr zuvor erstmals in Kontakt getreten ist, und zum Parteiprogramm der NSDAP.[176] Zu dieser Zeit ist Hans Ferdinand Mayer schon nicht mehr in Heidelberg: Er hat sich gegen eine akademische Karriere entschieden und um eine Stelle als Ingenieur bei Siemens & Halske beworben. Lenard schreibt ihm dafür ein wohlwollendes Empfehlungsschreiben, und nachdem Mayer die Zusage bekommen hat und nach Berlin übersiedelt ist, bleiben die beiden in losem brieflichen Kontakt. Befreundet sind die beiden zwar nicht, aber Jahre später wird Lenard für seinen ehemaligen Assistenten Mayer noch einmal von großer Bedeutung sein.

Im Physiker Johannes Stark findet Lenard indes einen Verbündeten darin, »undeutsche Einflüsse« in der Physik zu bekämpfen – ebendies ist das Programm der »Deutschen Physik«, zu deren Hauptvertretern Lenard und Stark avancieren. In seinem vierbändigen Lehrbuch mit dem Titel *Deutsche Physik* versucht sich Lenard an einer rassistischen, »arischen« Ausrichtung der naturwissenschaftlichen Forschung. Den Endpunkt der direkten Auseinandersetzungen zwischen Einstein und Lenard markiert Einsteins Emigration im Jahr 1933, die Lenard mit Genugtuung und offenem Antisemitismus

174 Zitiert nach Schönbeck 2000, S. 26
175 Vgl. ebenda, S. 29
176 Vgl. Hagenauer, Pabst 2014, S. 14

in einem Artikel im NS-Propagandablatt *Völkischer Beobachter* kommentiert: »[D]er Relativitätsjude, dessen mathematisch zusammengestoppelte Theorie nun schon allmählich in Stücke zerfällt«[177], habe Deutschland endlich verlassen.

---

177 Zitiert nach Schönbeck 2000, S. 1

7. Kapitel:

Licht und Schatten in Berlin

Hans Ferdinand Mayers technisch-wissenschaftliche Begabung fällt bei Siemens auf fruchtbaren Boden. Er wird viele Jahre für das Unternehmen tätig sein und dabei in unterschiedlichen Bereichen des Elektrokonzerns reüssieren. Seine erste Station ist ab Februar 1922 der Berliner Standort der Siemens-Schuckertwerke, ein auf Starkstrom fokussiertes Tochterunternehmen von Siemens & Halske.[178] Über die Arbeitsbedingungen bei Siemens-Schuckert und in den Konkurrenzunternehmen wird in einem bekannten Arbeiterlied aus dieser Zeit lamentiert: »Wer nie bei Siemens-Schuckert war, / bei AEG und Borsig, / der kennt des Lebens Jammer nicht, / der hat ihn noch vor sich. / Da bist du nichts, da wirst du nichts, / wenn auch der Magen kluckert, / so ist's bei Borsig, AEG, / bei Siemens und bei Schuckert.«[179]

Für Mayer ist es aber der Beginn eines Aufstiegs. Er bezieht eine kleine Wohnung in der Nähe von Siemensstadt im Bezirk Spandau, wo durch die Ansiedlung der Unternehmenswerke und den Bau von Werkssiedlungen ein rasant wachsender Stadtteil entstanden ist. In

---

178 1966 werden die Siemens-Schuckertwerke aufgelöst und mit der Siemens AG fusioniert.

179 Zitiert nach Küppers, Kirsten (2006): »Baut es auf und reißt es nieder«, TAZ, 4.1.2006, S. 23

seiner neuen Position verdient Mayer 6000 Mark pro Jahr – zum ersten Mal verfügt er damit über ein nicht ganz bescheidenes Einkommen. Es ist genau der richtige Moment, denn just nach Mayers Übersiedlung nach Berlin stirbt sein Vater im Alter von 67 Jahren und Mayer kann seiner Mutter zumindest finanzielle Unterstützung zukommen lassen.

Sein erstes Patent reicht Mayer ein, als er gerade einmal vier Monate bei Siemens ist: Es handelt sich um einen Apparat, der die Saugkraft von Staubsaugern reguliert.[180] Die Verbesserung von Haushaltsgeräten trifft Mayers Interessen freilich nicht wirklich und bereits nach wenigen Monaten kann er im November 1922 in das Zentrallaboratorium des Mutterkonzerns Siemens & Halske wechseln, der auf Schwachstromtechnik fokussiert ist – so die damals gängige Bezeichnung für Nachrichtentechnik. Mayer beschäftigt sich dort zunehmend mit Hochfrequenztechnik und geht ganz in diesem neuen Arbeitsgebiet auf. Entsprechend seinen Initialen und der Abkürzung für Hochfrequenz (HF) bringt ihm das bald den Spitznamen »HF-Mayer« ein.[181]

Mayer wird von seinen Kollegen und Vorgesetzten bei Siemens & Halske als außergewöhnlich fleißig und voller Einfallsreichtum wahrgenommen. Im Verlauf der 1920er-Jahre publiziert er häufig mit seinem Kollegen Karl Küpfmüller und seinem Vorgesetzten Friedrich Lüschen. Im Schnitt legt Mayer in dieser Zeit bis zu vier Publikationen und beachtliche neun Patente pro Jahr vor.[182]

Küpfmüller und Mayer beschäftigen sich mit dem damals neu aufkommenden Gebiet der Trägerfrequenztechnik und Echokompensation – es handelt sich dabei, vereinfacht gesagt, um Verfahren, um bereits vorhandene Übertragungswege mehrfach auszunutzen sowie Halleffekte bei gleichzeitigem Senden und Empfangen zu unterdrücken. Im Gegensatz zum Starkstromsektor ist die Nachrichtentechnik mathematisch anspruchsvoller – genau dieser Umstand trifft sich hervor-

---

180 Vgl. Johnson 2017, S. 47
181 Vgl. Hagenauer, Pabst 2014, S. 14
182 Vgl. Ebenda, S. 14

ragend mit Mayers Stärken, der sich mit Begeisterung auf die mathematischen Probleme der Nachrichtenübertragung stürzt.

Für Mayer ist der Wechsel in die Industrie auch mit einer für ihn völlig neuen geografischen Umgebung verbunden: Abgesehen von seinem kurzen Kriegsdienst hat er sein gesamtes Leben im südwestlichen Baden verbracht. Berlin ist eine der größten Städte der Welt und eine pulsierende Kulturmetropole, Siemens & Halske steigt in dieser Zeit zu einem der führenden Elektronikunternehmen Europas auf. Mayers Welt wächst auch dadurch, dass er für Siemens & Halske zahlreiche Dienstreisen antritt, häufig ins Ausland. Er besucht beispielsweise regelmäßig Konferenzen und Treffen der 1924 gegründeten Vereinigung »Comité Consultatif International des Communications Téléphoniques à Grande Distance« (CCIF), die ihn unter anderem nach Warschau, Tokio, Paris, Brüssel oder Madrid führen.[183]

Auch privat sind die 1920er-Jahre in Berlin für Mayer goldene Jahre: Im Mai 1926 heiratet er Betty Charlotte Stutius. Die Tochter eines Postbeamten und einer Hutmacherin ist sieben Jahre jünger als Hans Ferdinand. Beruflich tritt sie in die Fußstapfen ihrer Mutter und arbeitet in deren Geschäft – bis zur Hochzeit: Schon im Jahr darauf, im Dezember 1927, wird Klaus, der erste Sohn der Familie geboren.

Goebbels' Traum

Mayers Leben im Berlin der 1920er-Jahre ist von Erfolg geprägt. Seine Arbeit bei Siemens & Halske trägt Früchte und bringt ihm Respekt und Anerkennung im Unternehmen ein, während er sich bei seinen beruflichen Auslandsreisen mit internationalen Fachkollegen austauschen und Kontakte knüpfen kann. Mit den politischen und wirtschaftlichen Turbulenzen dieser Jahre befasst sich der Physiker und Ingenieur nur am

---

183 Vgl. ebenda

Rande, doch bald ändert sich die Lage dramatisch: Der große Crash der New Yorker Börse im Oktober 1929 wird zum Auftakt einer Weltwirtschaftskrise, die auch für Deutschland schwerwiegende Konsequenzen hat. Der Außenhandel bricht völlig ein, ausländische Investitionen in Deutschland versiegen, die Industrieproduktion geht immer stärker zurück. Die Folgen der wirtschaftlichen Abwärtsspirale sind Massenarbeitslosigkeit, ein sprunghafter Anstieg der Armut und eine politisch zunehmend aufgeheizte Stimmung gegen die Weimarer Republik. Radikale Parteien, allen voran die Nationalsozialistische Deutsche Arbeiterpartei (NSDAP) und die Kommunistische Partei Deutschlands (KPD), erhalten regen Zulauf.

Die Krise trifft den Elektrokonzern Siemens & Halske schwer, es kommt zu enormen Umsatzeinbußen und Massenentlassungen. Auch Mayer muss Gehaltskürzungen hinnehmen, aber er hat Glück. Seine Stelle als Technischer Angestellter im Zentrallaboratorium fällt den Umstrukturierungen des Unternehmens nicht zum Opfer, im Gegenteil: Sein Aufgabenbereich umfasst nun auch die organisatorische Leitung von Entwicklungsprojekten im Zentrallaboratorium. Mayer stürzt sich regelrecht in seine Arbeit. Neben seiner neuen Aufgabe veröffentlicht er zwischen 1929 und 1933 sechs Artikel in Fachzeitschriften und reicht 38 Patentanmeldungen ein, von denen 21 angenommen werden.[184]

In den folgenden Jahren sollte sich die Auftragslage für das Unternehmen wieder verbessern – und Siemens zu einem der größten Elektrokonzerne der Welt werden. Auch Mayers Einkommen steigt wieder.[185] Zu verdanken ist diese Entwicklung der massiven deutschen Aufrüstungspolitik ab 1933, die Siemens als Branchenführer im Bereich Elektrotechnik zu einer regelrechten Auftragsexplosion verhilft: Vom Bau der Elektromotoren für Werkzeugmaschinen, elektrischer Großanlagen der Luftwaffe und Marine über Funk- und Radargeräte bis zu Antriebs- und Steuerungssystemen unterschiedlichster Waffen ist das

184 Vgl. Johnson 2017, S. 60
185 Vgl. ebenda, S. 62

Unternehmen in unzählige Rüstungsprojekte eingebunden.[186] Es ist die Vorbereitung auf den nächsten Krieg, die das deutsche Wirtschaftswachstum ankurbelt – daraus haben die Nationalsozialisten nie einen Hehl gemacht. Ihre Ziele sind Revanchismus, die Durchsetzung einer völkisch-antisemitischen Gesellschaftsordnung und die Errichtung eines expansionistischen »Großdeutschen Reiches«.

Am 30. Januar 1933 wird Hitler von Reichspräsident Paul von Hindenburg zum Reichskanzler ernannt. Die NSDAP verfügt zwar über keine parlamentarische Mehrheit – Hitler soll eine Koalitionsregierung anführen –, die Nationalsozialisten haben aber etwas ganz anderes im Sinn. »Es ist fast ein Traum«, notiert Joseph Goebbels, der Propagandachef der NSDAP, in sein Tagebuch. »Hitler ist Reichskanzler. Wie im Märchen. [...] Unten randaliert das Volk. Gleich an die Arbeit. Reichstag wird aufgelöst.«[187]

Die Strategie funktioniert. Nach kurzen parlamentarischen Scheinverhandlungen drängt Hitler auf Neuwahlen. Hindenburg löst den Reichstag auf, für 5. März werden neuerlich Wahlen angesetzt. Doch diese kommen nicht mehr unter freien, demokratischen Bedingungen zustande: Mithilfe von Notverordnungen, Gewalt und Terror, NS-gesteuerter Polizei sowie üppiger finanzieller Unterstützung aus der Industrie unterdrücken die Nazis die oppositionellen Parteien. Politische Gegner und Juden werden von nationalsozialistischen Schlägertrupps attackiert, während die Bevölkerung über Rundfunk mit NS-Propaganda beschallt wird. Dennoch erreicht die NSDAP wieder keine absolute Mehrheit – nur mithilfe der völkisch-antisemitischen »Deutschnationalen Volkspartei« (DNVP) kommt sie auf knapp über 50 Prozent der Stimmen.[188]

Die Familie Mayer reagiert besorgt auf diese Entwicklungen. Hans Ferdinand, der sich nicht sonderlich für Politik interessiert,

---

186 Vgl. Hagenauer, Pabst 2014, S. 56
187 Goebbels, Reuth 1992, S. 757
188 Zur Machtübernahme der Nationalsozialisten in Deutschland vgl. etwa Bauer 2008, S. 197–211

sich aber konservativen und christlichen Werten verpflichtet fühlt, verabscheut den Antisemitismus der Nazis. Als ein Familienmitglied in den Bann der Nationalsozialisten gerät, kommt es zum Konflikt: Bettys jüngerer Bruder Fritz tritt der paramilitärischen Sturmabteilung (SA) bei, die politische Gegner mit brutaler Gewalt einschüchtert und Jüdinnen und Juden terrorisiert. Hitzige Diskussionen enden im Streit, Hans Ferdinand erteilt seinem Schwager schließlich Hausverbot.[189]

Die Zerstörung der Demokratie schreitet indes zügig voran. Ein Brandanschlag auf das Reichstagsgebäude in Berlin in der Woche vor den erneuten Reichstagswahlen dient den Nationalsozialisten dazu, die Grundrechte der Weimarer Verfassung per Notverordnung auszuschalten. Wer die Täter waren, ist bis heute umstritten. Die NS-Propaganda nutzt den Vorfall jedenfalls, um Angst vor einem kommunistischen Aufstand zu schüren und gegen Kommunisten und Sozialdemokraten vorzugehen. Schon am 28. Februar 1933, dem Tag nach dem Reichstagsbrand, kommt es zu Massenverhaftungen.

Die Eröffnung des unter völlig undemokratischen Bedingungen neu gewählten Parlaments am 21. März wird, unter Goebbels' Regie, als versöhnliches Massenspektakel inszeniert. Anstatt im beschädigten Reichstagsgebäude tritt der Reichstag in der Potsdamer Garnisonkirche zusammen. Hitler trägt Frack und gibt sich in seiner per Rundfunk übertragenen Ansprache staatsmännisch, um das bürgerliche Lager zu beruhigen. Nur zwei Tage später erfüllt der Reichstag den einzigen Zweck, den die Nationalsozialisten ihm zugedacht haben: Er verabschiedet das »Gesetz zur Behebung der Not von Volk und Reich«, besser bekannt als Ermächtigungsgesetz. Damit geht die gesetzgebende Gewalt an Hitler über – er verfügt damit de facto über diktatorische Macht. Im neu errichteten Konzentrationslager Dachau bei München werden bereits die ersten Häftlinge interniert.

---

189 Vgl. Johnson 2017, S. 61

Anders als im privaten Umfeld lässt Mayer seine ablehnende Haltung zum NS-Regime in seiner Arbeit zunächst nicht erkennen. Wie viele seiner Kollegen tritt er der Deutschen Arbeitsfront (DAF) bei, dem der NSDAP angeschlossenen Einheitsverband der Arbeitnehmer und Arbeitgeber, der an die Stelle der aufgelösten Gewerkschaften tritt. Einige Jahre später wird er auch Mitglied der Nationalsozialistischen Volkswohlfahrt, die sich mildtätigen und fürsorgerischen Tätigkeiten für die rassisch definierte »deutsche Volksgemeinschaft« verschrieben hat. Im Gegensatz zu seinem Vorgesetzten Friedrich Lüschen oder seinem Kollegen Karl Küpfmüller, mit denen Mayer schon seit den 1920er-Jahren eng zusammengearbeitet und gemeinsam publiziert hat, wird er aber nie Mitglied der NSDAP oder gar der SS werden.[190]

Die nationalsozialistische Rassen- und Gleichschaltungspolitik nimmt rasant Gestalt an. Juden und politische Gegner werden aus dem Verwaltungsapparat, der Justiz und der Polizei entlassen, höhere Positionen staatlicher Institutionen werden mit Nationalsozialisten besetzt. Bereits am 7. April 1933 wird das »Gesetz zur Wiederherstellung des Berufsbeamtentums« erlassen, auf dessen Grundlage politisch missliebige und »nichtarische« Personen aus allen Einrichtungen des öffentlichen Dienstes entlassen werden. Im dritten Paragrafen dieses Gesetzes wird erstmals die »nicht arische Abstammung« zu einem juristischen Kriterium erhoben.[191] Als »Nichtarier« gilt, wer auch nur einen jüdischen Großelternteil hat.

Auch die Universitäten und andere staatliche Forschungseinrichtungen sind unmittelbar betroffen. Allein im Frühjahr 1933 werden Hunderte jüdische Wissenschaftler in Deutschland entlassen, viele verlassen das Land. Albert Einstein erklärt bereits am 10. März 1933 auf einer Vortragsreise in den USA, nicht mehr nach Deutschland zurückzukehren. Sein Widersacher Philipp Lenard, Mayers Doktorvater in Heidelberg,

---

190 Vgl. Hagenauer, Pabst 2014, S. 75
191 Reichsgesetzblatt Teil 1, Nr. 34 vom 7. April 1933, S. 175. Online verfügbar unter https://alex.onb.ac.at/cgi-content/alex?aid=dra&datum=1933&page=300&size=45 (letzter Zugriff: 6.6.2021)

bietet Adolf Hitler indes an, bei einer Säuberung der Universitäten vom »Professoren-Geist« zu helfen und schlägt vor, stattdessen »grunddeutsche Menschen mit der erforderlichen wissenschaftlichen Ausbildung und Lehrbefähigung«[192] zu rekrutieren.

Das antisemitische Beamtengesetz greift in der Privatwirtschaft nicht, die vorauseilende Diskriminierung jüdischer Arbeiter und Angestellter, die nun in immer mehr Lebensbereichen vollzogen wird, setzt aber auch bei Siemens ein. Für Mayers Förderer und Ko-Autor Friedrich Lüschen beginnt 1933 ein kometenhafter Aufstieg: Der Nachrichtentechniker wird in den Vorstand der Siemens & Halske AG berufen und zum Leiter des Fernmeldewerks ernannt. Im Lauf des Kriegs wird Lüschen als Leiter der Wirtschaftsgruppe Elektroindustrie zu einem der mächtigsten Männer in der Rüstungsindustrie und zur rechten Hand von Rüstungsminister Albert Speer werden. In seine Mitverantwortung fällt später auch der massive Einsatz jüdischer Zwangsarbeiterinnen und Zwangsarbeiter bei Siemens & Halske.[193]

Reise nach New Jersey

Lüschens Beförderung wirkt sich auch auf Mayers Karriere aus: 1936 macht ihn Lüschen zum Leiter des Zentrallaboratoriums. Dank seines guten Einkommens übersiedelt die Familie Mayer in eine größere Wohnung im Berliner Stadtteil Charlottenburg, wo Betty im Sommer 1936 ihren zweiten Sohn Peter zur Welt bringt.[194]

In seiner neuen Position hat Mayer nicht nur Einblicke in zahlreiche rüstungsrelevante Projekte, an denen sein Unternehmen beteiligt ist, elektrotechnische Anwendungen kommen von Flugzeugen über Torpedos bis zu Raketen nahezu überall zum Einsatz. Er ist auch für

192 Lenard, Schirrmacher 2010, S. 11
193 Vgl. Roth 1996, S. 153
194 Vgl. Johnson 2017, S. 66

Personalagenden zuständig und wird bald mit dem Druck der Nationalsozialisten im Unternehmen konfrontiert, jüdische Mitarbeiter zu entlassen, widersetzt sich aber unter Hinweis auf deren unverzichtbare fachliche Qualifikationen.[195] Zu Mayers Führungsaufgaben zählen auch Verhandlungen und Kontaktpflege im Ausland, etwa bei den Tagungen des CCIF, wo technische Normen und Standards für die aufstrebende Telekommunikation diskutiert werden. Dort trifft er auch immer wieder seinen britischen Kollegen Henry Cobden Turner, den er schon seit den 1920er-Jahren kennt: Turner ist Geschäftsführer des Unternehmens Salford Electrical Instruments, Ltd., das sich von Siemens die Rechte für die Herstellung einiger patentierter elektronischer Bauteile gesichert hat. Die beiden werden gute Freunde.

Die systematische Entrechtung der deutschen Jüdinnen und Juden nimmt indes immer konkretere Formen an. Die ideologische Grundlage dafür steht schon unmissverständlich im Parteiprogramm der NSDAP von 1920, wo es heißt: »Staatsbürger kann nur sein, wer Volksgenosse ist. Volksgenosse kann nur sein, wer deutschen Blutes ist ohne Rücksicht auf die Konfession. Kein Jude kann daher Volksgenosse sein. [...] Wer nicht Staatsbürger ist, soll nur als Gast in Deutschland leben können und unter Fremdengesetzgebung stehen.«[196] Die juristische Festschreibung der Außerrechtsetzung der jüdischen Bevölkerung Deutschlands erhält im Herbst 1935 in einer Reihe von Gesetzen eine weitreichende Grundlage. Die sogenannten Nürnberger Gesetze besiegeln den Ausschluss deutscher Juden aus dem öffentlichen Leben und stellen Beziehungen zwischen jüdischen und nichtjüdischen Menschen unter Strafe.

Mayer setzt sich auch für Mitarbeiter im Zentrallaboratorium ein, die als »jüdische Mischlinge« gelten und von Diskriminierungen bedroht sind. Von den Nationalsozialisten im Unternehmen bleibt das nicht unbemerkt.[197] Doch beruflich steigt Mayer weiter auf, 1938 wird

---

195 Vgl. ebenda, S. 67
196 Zitiert nach Alberts 2016, S. 72
197 Vgl. Hagenauer, Pabst 2014, S. 24

er schließlich in den Rang eines Direktors befördert. Im selben Jahr stehen zahlreiche Dienstreisen ins Ausland an, die Mayer teilweise auch für Urlaube mit seiner Frau Betty nutzt. So reisen die beiden etwa im Juni nach Oslo, wo eine CCIF-Tagung stattfindet – es wird die letzte für Jahre sein. Auch Henry Cobden Turner ist gekommen, Mayer tauscht sich nicht nur über Berufliches mit ihm aus: Turner ist von den Entwicklungen in Deutschland entsetzt. Nur wenige Monate nach dem »Anschluss« Österreichs an NS-Deutschland ist die Tschechoslowakei Opfer der expansionistischen deutschen Außenpolitik geworden – und ein neuer europäischer Krieg scheint immer wahrscheinlicher. Mayer berichtet seinem britischen Freund offen von seiner zwiespältigen Lage: Er fühlt sich als deutscher Patriot seinem Land verpflichtet, lehnt den Nationalsozialismus aber klar ab.[198]

Nach der Tagung reisen Betty und Hans Ferdinand Mayer noch einige Tage durch Norwegen, auf dem Rückweg nach Deutschland machen sie auch in Dänemark halt, wo sie die Familie Holmblad besuchen. Hans Ferdinand kennt Niels Holmblad, den Direktor der dänischen Post-, Telefon- und Telegrafenbetriebe ebenfalls von den Tagungen des CCIF.

Eine für Mayer besonders prägende Reise steht im Herbst 1939 auf dem Programm. Gemeinsam mit seinen Siemens-Kollegen Erwin Hölzler und Fritz Döring bricht er im Oktober zu einer mehrwöchigen Reise in die USA auf, um die Bell Laboratories in New Jersey zu besuchen. Die riesige Forschungsabteilung der American Telephone and Telegraph Company (AT&T) ist nicht nur die Geburtsstätte der Radioastronomie, sondern vor allem der innovative Entdeckungsort vieler grundlegender Erkenntnisse und Durchbrüche im Bereich der Nachrichtentechnik. Mayer und seine Kollegen besichtigen die Forschungsstätten, treffen Wissenschaftler und Ingenieure und lernen Mervin Kelly kennen, den umtriebigen Forschungsleiter der Einrichtung. Die Besucher aus Berlin sind begeistert – doch gegen Ende ihres Aufenthalts schlägt die bis dahin freundlich-kollegiale Atmosphäre in New Jersey um.

---

198 Vgl. Johnson 2017, S. 74

In der Nacht zum 10. November 1938 kommt es im gesamten Deutschen Reich zu organisierten Gewaltexzessen gegen Jüdinnen und Juden. Unter tatkräftiger Beteiligung der Bevölkerung richten Männer der SA und der SS, Parteiaktivisten und Mitglieder der Hitlerjugend ein antisemitisches Inferno an: Jüdische Geschäfte und Wohnungen werden gestürmt und verwüstet, Synagogen angezündet, Jüdinnen und Juden misshandelt und in zahlreichen Fällen ermordet. Mehr als 1400 Synagogen und Bethäuser werden zerstört, Tausende Geschäfte und Wohnungen geplündert, Hunderte Jüdinnen und Juden ermordet. Die Gesamtzahl der Opfer der Pogrome, die lange mit dem euphemistischen Namen »Reichskristallnacht« bezeichnet werden, ist unbekannt, nimmt jedoch in den folgenden Wochen weiter zu: Noch während die Synagogen brennen, beginnt die Gestapo mit Massenverhaftungen männlicher Juden. Bis zum 16. November werden etwa 36 000 Menschen in die Konzentrationslager Dachau, Buchenwald oder Sachsenhausen verschleppt.[199]

In den USA sorgen die Nachrichten aus Deutschland für Entsetzen – Mayer erlebt die amerikanischen Reaktionen auf die antisemitischen Verbrechen hautnah mit. »*Nazis zerstören, plündern und verbrennen jüdische Geschäfte und Tempel, bis Goebbels Halt ruft*«, titelt die *New York Times* am 11. November 1938.[200] In New York kommt es zu Demonstrationen und Solidaritätskundgebungen für die Opfer, der US-Botschafter in Berlin wird aus Protest abgezogen. Als Repräsentant eines deutschen Großkonzerns sieht sich Mayer nun mit einer starken Ablehnung konfrontiert, seine Gastgeber in den Bell Laboratories gehen merklich auf Distanz. Die Verurteilung des NS-Regimes in der freien Presse und Öffentlichkeit hinterlässt bei Mayer einen tiefen Eindruck. Erschüttert kehrt er Ende November wieder nach Berlin zurück. Für Betty hat er eine Ausgabe des *Life*-Magazins im

---

199 Vgl. Wildt 2016, S. 227
200 Nazis smash, loot and burn Jewish shops and temples until Goebbels calls halt (1938). In: The New York Times, 11.11.1938. Online verfügbar unter: https://timesmachine. nytimes.com/timesmachine/1938/11/11/issue.html (letzter Zugriff: 5.6.2021)

Gepäck, in der ausführlich über die Pogrome in Deutschland berichtet wird.[201]

Martyl Karweik

Betty Mayer hat in der Zwischenzeit von der bedrohlichen Lage einer Nachbarin in Charlottenburg erfahren. Die Jüdin Else Karweik ist alleinstehend mit ihrer elfjährigen Tochter Martyl und weiß nicht mehr weiter. Nahezu täglich werden nun neue antisemitische Verordnungen erlassen, die Jüdinnen und Juden aus allen Bereichen des gesellschaftlichen und wirtschaftlichen Lebens drängen. Nach den Pogromen traut sich Else Karweik kaum noch auf die Straße – und hat die letzte Hoffnung aufgegeben, dass es für ihre Tochter und sie in Deutschland noch eine Zukunft gibt. Die beiden haben keine Visa für eine Ausreise und erst im Oktober sind ihre Reisepässe durch eine weitere antisemitische Verordnung für ungültig erklärt worden. Wie könnte sie zumindest ihre Tochter retten?

Martyls Vater, der Berliner Architekt Erich Karweik, lebt getrennt von der Familie, die Ehe liegt in Trümmern. Bis zur Machtübernahme der Nationalsozialisten ist Karweik für den international gefragten Architekten Erich Mendelsohn tätig gewesen, einen Pionier der sogenannten Stromlinien-Moderne, der mit Bauten wie dem Mossehaus in Berlin oder dem Einsteinturm in Potsdam Berühmtheit erlangt hat. 1933 ist Mendelsohn, der in Deutschland schon lange antisemitischen Anfeindungen ausgesetzt gewesen ist, nach England emigriert. Karweik hat sich mit den neuen Gegebenheiten arrangiert: Er hat sich gemeinsam mit einem Kollegen selbstständig gemacht und plant nun Wohnanlagen, Verwaltungsgebäude und Industriebauten für die neuen Machthaber.[202]

---

201 Vgl. Johnson 2017, S. 77
202 Vgl. Hagenauer, Pabst 2014, S. 22, sowie Johnson 2017, S. 64

Martyl ist gleich alt wie Klaus Mayer, die Kinder kennen einander aus der Nachbarschaft. Als Betty von der Situation ihrer Nachbarn erfährt, überlegt sie fieberhaft, wie man helfen könnte – und hat eine Idee: Hans Ferdinand hat doch gute Kontakte ins Ausland, könnte er nicht jemanden auf die Karweiks aufmerksam machen? Ihr Mann denkt sofort an seinen britischen Freund Henry Cobden Turner, mit dem noch dazu ein Wiedersehen unmittelbar bevorsteht: Mayers letzte Dienstreise des Jahres 1938 geht nach London, wo am 11. Dezember eine internationale Konferenz über Frequenzzuteilung stattfindet.

Turner ist sofort bereit zu helfen, als Mayer ihm von Martyl Karweik erzählt: Das Mädchen könne bei seiner Familie unterkommen. Der umtriebige Unternehmer und Ingenieur lebt mit seiner Frau Elizabeth und vier Kindern in Manchester – für ein fünftes sei auch noch Platz. Aber was ist mit den bürokratischen Hürden, wie soll Martyl ohne Pass und Visum überhaupt nach England kommen? Turner verspricht, sich rasch darum zu kümmern.[203]

Er hält sein Wort. Schon kurz nach dem Treffen in London reist Turner geschäftlich nach Berlin. Sein wichtigster Weg in der deutschen Hauptstadt führt ihn in die britische Botschaft, wo er ein Visum für Martyl erwirken will – und großes Glück hat: Er trifft auf Frank Foley, den leitenden Beamten für Pass- und Visaangelegenheiten an der Botschaft in Berlin. In Wirklichkeit arbeitet Foley für den Auslandsgeheimdienst MI6 und hat seit den 1920er-Jahren Agenten in Deutschland rekrutiert, die London Informationen über die deutsche Rüstungsindustrie liefern. Mit der Machtübernahme der Nationalsozialisten erhält Foleys Aufenthalt in Berlin noch in einer anderen Hinsicht größte Bedeutung: Unter dem Eindruck des immer radikaleren Antisemitismus verhilft Foley im großen Stil Jüdinnen und Juden zur Flucht aus Deutschland.[204]

In seiner offiziellen Funktion als Passbeamter ist Foley mit einer stetig wachsenden Zahl an Visaanträgen für Großbritannien und das britische

---

203 Vgl. Aufzeichnung von Hans Mayer, undatiert, Nachlass R. V. Jones, Churchill Archives Centre, RVJO B429
204 Vgl. Smith 2004

Mandatsgebiet Palästina konfrontiert, während Großbritannien – wie immer mehr andere Länder auch – die Einreisebestimmungen für jüdische Flüchtlinge verschärft. Foley stellt bis 1939 Tausende Visa und Pässe an Personen aus, welche die Kriterien der britischen Behörden nicht erfüllen. Miriam Posner, die als 16-Jährige mit Foleys Hilfe Deutschland in Richtung Palästina verlassen konnte, erinnert sich später: »Foley hat mir das Leben gerettet. Wir hatten gehört, dass dieser Mann Juden helfen würde. Meine Mutter flehte ihn an. Er ging nur kurz auf und ab, bat um meinen Pass und erteilte das Visum. Er stellte keine Fragen.«[205]

Nach den Novemberpogromen geht Foley immer größere persönliche Risiken ein – und bricht nicht nur deutsche, sondern auch britische Gesetze. Er versteckt Jüdinnen und Juden in seiner Privatwohnung, obwohl er selbst über keine diplomatische Immunität in Deutschland verfügt. Mithilfe seines Netzwerks in Deutschland und Großbritannien gelingt ihm auch die Rettung zahlreicher Menschen, die bereits in Konzentrationslagern interniert sind. Mitunter greift er auch auf Geheimdienstmethoden zurück, indem er etwa gefälschte Pässe und andere Dokumente besorgt. Schätzungen zufolge rettet Foley bis Kriegsbeginn 10 000 Jüdinnen und Juden aus Deutschland. 1999 wird er dafür postum mit dem israelischen Ehrentitel »Gerechter unter den Völkern« bedacht.[206]

Martyl Karweik wird erst in den 1970er-Jahren erfahren, dass auch sie ihr Visum Frank Foley zu verdanken hat. Im Januar 1939, kurz vor ihrem zwölften Geburtstag, beginnt mit ihrer Ausreise nach England die traurige Trennung von ihrer Mutter. Der Neuanfang in Manchester ist für Martyl, die noch niemanden dort kennt und kaum ein Wort Englisch spricht, hart. Doch schon bald lebt sie sich gut in der Familie Turner ein und erinnert sich noch Jahrzehnte später mit Dankbarkeit an sie. Sieben Jahre nach ihrer Ausreise gibt es auch ein Wiedersehen mit

---

205 Yad Vashem: Francis Foley. Online verfügbar unter: www.yadvashem.org/righteous/stories/foley.html (letzter Zugriff: 5.6.2021)
206 Vgl. Yad Vashem: The Righteous Among the Nations Database. Online verfügbar unter: https://righteous.yadvashem.org/?searchType=righteous_only&language=en&itemId=4014855&ind=0 (letzter Zugriff: 5.6.2021)

ihrer Mutter Else: Ihr ist ebenfalls die Flucht gelungen, sie ist 1941 über Frankreich, Spanien und Portugal nach New York gelangt, wo sich die beiden 1946 wieder treffen.[207]

Beeindruckt von Turners Hilfsbereitschaft und erleichtert über Martyls Ausreise, verliert Hans Ferdinand Mayer immer mehr Hemmungen, seiner Ablehnung des NS-Regimes Ausdruck zu verleihen. Wie er nach dem Krieg berichtet, klebt er immer wieder nachts Zettel mit Anti-Nazi-Slogans wie »Nieder mit Hitler« auf Schaufenster in Berlin und verbietet seiner Frau das Hissen der Hakenkreuzfahne an Nationalfeiertagen, was im eng geknüpften Denunziationssystem der Nationalsozialisten als demonstrativer Akt gewertet werden kann.[208] Im privaten Umfeld macht Mayer keinen Hehl aus seiner Haltung, seine Kinder kann er aber nicht von der Nazi-Indoktrination abschotten. Im März 1939 müssen mit Einführung der »Jugenddienstpflicht« deutsche Kinder ab zehn Jahren in Verbände der Hitlerjugend eintreten. Der älteste Sohn Klaus muss zum »Deutschen Jungvolk«.

Der gut bezahlte Direktorenposten bei Siemens & Halske ermöglicht der Familie Mayer indes rechtzeitig vor der Geburt des dritten Kindes den Umzug in eine noch größere Wohnung in der Halmstraße 10, nur wenige Häuserblocks von der früheren Wohnadresse entfernt. Auch ein Dienstmädchen zieht nun bei den Mayers ein. Das Geld reicht sogar noch für einen weiteren Luxus: Hans Ferdinand kauft ein Automobil und unternimmt mit der Familie Wochenendausflüge. Am 6. April 1939 kommt der dritte Sohn, Wilhelm-Dietrich, zur Welt. Im Sommer besucht Henry Cobden Turner die Familie auf dem Rückweg von Wien nach London und wird Taufpate des Kindes – für ihn heißt Wilhelm-Dietrich aber Billy.[209]

Der freudige Anlass des Wiedersehens kann nicht darüber hinwegtäuschen, dass alle Zeichen auf Krieg stehen. Polen ist zweifellos das nächste Ziel der nationalsozialistischen Eroberungsbestrebungen, seit

---

207 Persönliche Auskunft ihres Sohnes Stephen Sarfaty am 19.4.2019
208 Vgl. Hagenauer, Pabst 2014, S. 23
209 Vgl. Johnson 2017, S. 84

Monaten heizt die NS-Propaganda die Stimmung gegen das Nachbarland an. Großbritannien und Frankreich haben Polen ihren Beistand garantiert, die Zeit der Beschwichtigungsversuche gegenüber Hitler scheint vorbei: Die Appeasement-Politik der Regierung Chamberlain liegt nach dem Einmarsch der Wehrmacht in Prag im Frühjahr 1939 in Trümmern.

Mayer weiß nur zu gut, wie es um die Aufrüstung der Wehrmacht bestellt ist – sein Arbeitgeber ist ein massiver Profiteur dieser Entwicklung. Siemens & Halske ist als führender Elektronikkonzern mit Rüstungsaufträgen völlig ausgelastet und expandiert immer weiter: Um neue Arbeitsmärkte für die stetig wachsende Produktion zu erschließen, hat das Unternehmen schon 1937 mit der Verlagerung von Fertigungsstätten in die Grenzregionen begonnen. Bald wird es den Einsatz von Zwangsarbeitern für sich entdecken.[210]

In militärische Forschungsprojekte und die Entwicklung neuer Waffentechnologien ist Siemens ebenso involviert, ein Teil der Forschung läuft mit Beteiligung des Zentrallaboratoriums, dessen Direktor Mayer ist. Er deutet Turner gegenüber bei dessen Besuch in Berlin an, dass er Zugang zu sensiblen Informationen hat. Turner fragt nach Details, doch Mayer zögert. Noch schwankt er zwischen patriotischer Loyalität zu Deutschland und seiner Ablehnung des NS-Regimes. Menschen in Not zu helfen, ist eine Sache, aber sein Unternehmen zu hintergehen und militärische Geheimnisse an einen verfeindeten Staat weiterzugeben – wäre das nicht Landesverrat?

---

210 Vgl. Roth 1996, S. 152 f.

8. Kapitel:

Wendepunkt

Hans Ferdinand Mayer fasst einen Entschluss: Sollte tatsächlich Krieg zwischen Deutschland und Großbritannien ausbrechen, würde er sein Wissen mit Turner teilen. »Ich hielt ihn für eine geeignete Person mit den nötigen Fähigkeiten und Verbindungen, um derartige Informationen an die richtigen Stellen weiterzuleiten«, schrieb er später. »Eine Bestie wie Hitler sollte den Krieg nicht gewinnen.«[211]

Doch ehe es dazu kommt, gerät Mayer ins Visier der Gestapo. Die 1933 gegründete politische Polizei ist ein zentrales Instrument des nationalsozialistischen Terrorapparats, das ohne institutionelle Kontrolle für die Überwachung und Verfolgung von »Staats- und Volksfeinden« zuständig ist. Mayer wird kurzzeitig festgenommen und verhört, wirklich etwas in der Hand gegen ihn haben die Schergen des NS-Regimes aber offenbar nicht: Nach eigenen Angaben kann er sich herausreden und kommt schnell wieder frei.[212]

Ob es sein Kontakt mit dem Briten Turner ist, der ihn für die Gestapo verdächtig macht, ob ihn jemand aus seinem Umfeld denunziert hat oder ob es sich einfach um einen plumpen Einschüchterungsver-

---

211 Undatiertes Dokument von Hans Ferdinand Mayer, Nachlass R. V. Jones, Churchill Archives Centre, RJVO B429
212 Vgl. Hagenauer, Pabst 2014, S. 24

such handelt, da er in seiner leitenden Position bei Siemens & Halske Einblick in Rüstungsgeheimnisse hat und häufig ins Ausland reist, aber keine Sympathien für die NSDAP zeigt, bleibt unklar. Nach dem Krieg gibt Mayer an, dass er »bei der Hitlerclique im Werk sehr verhasst« gewesen sei, auch deshalb, weil er als Direktor keine Maßnahmen gegen Angestellte ergreifen wollte, die wegen »staatsfeindlicher Äußerungen« denunziert worden waren.[213] Das totalitäre System aus Bespitzelung und Denunziation, das zunehmend alle Lebensbereiche erfasst, hat längst auch in den Betrieben Einzug gehalten: Sogenannte Abwehrbeauftragte sind für die Überwachung der Belegschaft und die Abwehr von Spionage, Sabotage und Geheimnisverrat zuständig und arbeiten eng mit der Gestapo zusammen. Vor allem seit Kriegsbeginn nehmen die Meldungen dramatisch zu, in den Siemens-Werken werden jährlich mehrere Hundert Belegschaftsangehörige bei der Gestapo angezeigt.[214]

Unterdessen bereitet sich auch Frank Foley auf den Kriegsfall vor. Im August erhält er von seinen Vorgesetzten in London die Anweisung, seine Geheimdienstabteilung bei Kriegsausbruch nach Norwegen zu evakuieren. Er soll schwerpunktmäßig von Oslo aus operieren und Kontakt mit seinem Agentennetzwerk in Deutschland halten, abermals unter dem Cover eines leitenden Passbeamten.[215] Tatsächlich wird die Zeit schon knapp: Am 23. August unterzeichnen die Außenminister der Erzfeinde Deutschland und Sowjetunion überraschend einen Nichtangriffspakt, in dem sie sich gegenseitig Neutralität zusichern, sollte ein Land in einen kriegerischen Konflikt geraten – auch wenn es selbst der Angreifer ist. In einem geheimen Zusatzprotokoll des Vertrags, der als Hitler-Stalin-Pakt in die Geschichte eingeht, wird »für den Fall einer territorial-politischen Umgestaltung« die Aufteilung Polens und des Baltikums in eine deutsche und eine sowjetische Interessensphäre festgehalten. Die »Umgestaltung« ist längst vorbereitet, der Weg für den deutschen Überfall auf Polen frei.

---

213 Vgl. ebenda
214 Vgl. Roth 1996, S. 161
215 Vgl. Smith 2004, S. 169

Während die Vorbereitungen für die Räumung der Botschaft Großbritanniens in Berlin laufen, stellt Foley noch unter Hochdruck Visa für deutsche Juden aus. Als er schließlich endgültig in Richtung Skandinavien aufbricht, hinterlässt er stapelweise Dokumente mit Blankounterschrift, die mithilfe von Angehörigen der US-amerikanischen Botschaft Hunderten weiterer jüdischen Kindern und Jugendlichen die rettende Emigration nach Palästina ermöglichen.[216]

Der deutsche Angriff auf Polen beginnt in den frühen Morgenstunden des 1. September 1939. Während Hitler den Überfall mit von der SS inszenierten Grenzzwischenfällen rechtfertigt, richten die deutschen Einsatzgruppen erste Massaker an polnischen Zivilisten an, unter den Opfern sind Jüdinnen und Juden, Angehörige der »polnischen Intelligenz« und Patienten psychiatrischer Einrichtungen. Bis Jahresende werden etwa 60 000 polnische Zivilisten ermordet.[217] Die NS-Propaganda berichtet währenddessen von deutschem Heldentum und angeblichen polnischen Gräueltaten. Der Konsum ausländischer Nachrichten wird in Deutschland indes zur Straftat. Gleich am 1. September wird auf Betreiben des Propagandaministers Joseph Goebbels eine »Verordnung über außerordentliche Rundfunkmaßnahmen« vorgelegt, in der es heißt: »Das absichtliche Abhören ausländischer Sender ist verboten. Zuwiderhandlungen werden mit Zuchthaus bestraft. In leichteren Fällen kann auf Gefängnis erkannt werden. Die benutzten Empfangsanlagen werden eingezogen.« Und weiter: »Wer Nachrichten ausländischer Sender, die geeignet sind, die Widerstandskraft des deutschen Volkes zu gefährden, vorsätzlich verbreitet, wird mit Zuchthaus, in besonders schweren Fällen mit dem Tode bestraft.«[218]

Unter den »Rundfunkverbrechern«, wie die Hörer freier Radiosender im Nazi-Jargon nun genannt werden, ist auch Hans Ferdinand

---

216 Vgl. ebenda, S. 171
217 Pohl 2003, S. 49
218 Ausgabe am 7. September 1939, in: Reichsgesetzblatt, Teil 1, S. 1683, online verfügbar unter: https://alex.onb.ac.at/cgi-content/alex?aid=dra&datum=1939&size=45&page=1914 (letzter Zugriff: 6.6.2021)

Mayer. Er verfolgt regelmäßig die Nachrichten der BBC, die seit 1938 auch in deutscher Sprache gesendet werden. Womöglich hört er auch die Ansprache des britischen Premierministers Chamberlain am 3. September 1939, in der dieser dem Garantieversprechen an Polen nachkommt und erklärt, dass »sich dieses Land nun im Krieg mit Deutschland befindet«.[219] Mayers Befürchtung ist eingetreten: Deutschland hat einen neuen Krieg in Europa entfacht.

Zunächst kommt es kaum zu Kampfhandlungen zwischen Deutschland und den Westalliierten – es ist der Beginn des Sitzkriegs. Nicht so auf See: Als am 14. Oktober 1939 das britische Schlachtschiff »Royal Oak« im schottischen Militärhafen Scapa Flow von einem deutschen U-Boot versenkt wird, feiert die deutsche Kriegsmarine nicht zuletzt einen großen symbolischen Erfolg. In der Bucht von Scapa Flow zwischen den schottischen Orkney-Inseln ist es fast genau 20 Jahre zuvor zur Selbstversenkung der deutschen Hochseeflotte gekommen. Nach dem Ende der Kampfhandlungen des Ersten Weltkriegs mussten die deutschen Kriegsschiffe an Großbritannien ausgeliefert werden. Um die demütigende Beschlagnahmung im letzten Moment zu verhindern, gab der deutsche Admiral Ludwig von Reuter am 21. Juni 1919 – kurz bevor die deutsche Regierung den Vertrag von Versailles unterzeichnete – den Befehl zur Versenkung der Schiffe.

Die Torpedierung eines britischen Kriegsschiffs just an diesem historisch aufgeladenen Ort wird von der NS-Propaganda zum Symbol für den Wiederaufstieg der deutschen Seemacht hochstilisiert. Die U-Boot-Besatzung und insbesondere ihr Kommandant Günther Prien werden als Helden gefeiert und von Hitler empfangen, der den Angriff auf die »Royal Oak« als »die stolzeste Tat, die überhaupt ein deutsches U-Boot unternehmen und vollbringen konnte«[220], bezeichnet. In Hans Ferdinand Mayer löst der Jubel über den Kriegsakt, den 800 britische Seeleute mit dem Leben bezahlen, eine andere Reaktion aus: Er ver-

219 Chamberlain, Neville: Declaration of War. BBC, 3.9.1939
220 Schilling 2012, S. 554

liert endgültig alle Hemmungen, geheime Informationen an die Alliierten weiterzugeben.

Nachtzug nach Oslo

Der Kontakt zu Turner ist allerdings abgerissen, der »Nachrichtenverkehr mit dem feindlichen Ausland« wird bald generell verboten. Mit Kriegsbeginn sind auch die offiziellen diplomatischen Beziehungen zwischen Großbritannien und Deutschland abgebrochen, die britische Botschaft in Berlin ist geschlossen. Die USA, die zwar als Reaktion auf die Novemberpogrome schon im Jahr zuvor ihren Botschafter aus Deutschland abgezogen haben, befinden sich nicht im Krieg und verfügen weiterhin über eine Vertretung in der deutschen Hauptstadt. Dorthin schickt Mayer am 20. Oktober 1939 einen anonymen Brief, in dem er die Bauart der Torpedos beschreibt, mit denen die »Royal Oak« knapp eine Woche zuvor versenkt worden ist. Sie würden mit einem neuartigen Magnetzünder funktionieren, der schon bei der Annäherung eine Detonation mehrere Meter unter dem Schiffsboden auslöse und damit die größtmögliche Zerstörung verursache. Mayer erklärt auch, wie die Funktion dieser Waffen mittels Entmagnetisierung gestört werden könnte. »Ich bat außerdem darum, dass die britische Marine verständigt werden soll«[221], erinnert er sich später.

Mayer wird nie erfahren, ob sein Brief je die US-Botschaft, geschweige denn die britischen Behörden erreicht hat. Aber schon kurz darauf bietet sich eine viel aussichtsreichere Gelegenheit, Informationen weiterzugeben: Noch für Ende Oktober 1939 kann er eine Dienstreise nach Skandinavien planen. Mit Kriegsbeginn ist das Reisen auch für den Siemens-Direktor komplizierter geworden, Dänemark, Schwe-

---

221 Brief von Turner an Jones mit Erinnerungen von Mayer, 18.7.1967, Churchill Archives Centre, RVJO B429

den und Norwegen haben aber ihre Neutralität erklärt, die Verbindungen mit Deutschland laufen weiter. Nach etlichen Behördengängen erhält Mayer die nötige deutsche Reisegenehmigung und Visa für die drei Länder.[222]

Am 29. Oktober steigt er in den Zug von Berlin nach Sassnitz auf der Ostseeinsel Rügen. Die Fahrt führt in die Nähe von gleich zwei wichtigen militärischen Forschungseinrichtungen: Nördlich von Berlin liegt unweit der Bahnstrecke Rechlin, wo sich die Erprobungsstelle der Luftwaffe befindet – Mayer weiß, wie wichtig die dortige technische Infrastruktur für die Luftwaffe ist. Sein erstes Etappenziel Sassnitz wiederum ist nur 40 Kilometer von der geheimen Heeresversuchsanstalt Peenemünde entfernt, in der seinem Wissen nach an der Entwicklung raketengetriebener Waffen gearbeitet wird. In Sassnitz nimmt Mayer die Fähre ins schwedische Trelleborg, von dort geht es mit dem Nachtzug weiter nach Oslo, wo er am Montag, dem 30. Oktober ankommt und im zentral gelegenen Hotel Bristol eincheckt.[223]

Der Dienstag ist voll mit Geschäftsterminen. Es stehen Verhandlungen mit der norwegischen Telefongesellschaft Telegrafverket auf dem Programm, Mayer trifft unter anderem deren späteren Direktor Sverre Rynning-Tønnesen.[224] Ins Hotel kommt er erst spät zurück. Die nächsten beiden Tage sind weniger durchgeplant. Mayer hat Zeit, durch die Osloer Innenstadt zu spazieren, über die zentrale Prachtstraße Karl Johans gate mit ihren Kaffeehäusern und Boutiquen, vorbei am Schlosspark, aus dem die königliche Residenz ragt. Gleich daneben befindet sich das norwegische Nobelinstitut, in dem seit Ende des Ersten Weltkriegs wieder jährlich der Friedensnobelpreis vergeben wird. In diesem Jahr wird es allerdings keine Zeremonie geben. Nur gut 15 Minuten zu Fuß sind es von hier bis zur Botschaft des Vereinigten Königreichs im

---

222 Eine Kopie von Mayers Reisepass, die seine Auslandsreisen zwischen 1938 und 1941 nachvollziehbar macht, findet sich in Nachlass R. V. Jones, Churchill Archives Centre, RVJO B434

223 Vgl. Brief von Mayer an R. V. Jones am 10.9.1968, Nachlass R. V. Jones, Churchill Archives Centre, RJVO B430

224 Vgl. ebenda

Stadtteil Frogner – Mayer kennt die Adresse aus dem Telefonbuch. Ein Besuch erscheint ihm aber zu riskant.

Zurück im Hotel Bristol macht er sich an die Arbeit und schreibt alles auf, was er über geheime deutsche Waffensysteme und militärische Forschungsprojekte der Wehrmacht weiß, wie er Jahrzehnte später in einem Brief schildert: »Auf einer alten Schreibmaschine, die ich mir vom Portier ausgeborgt hatte, schrieb ich den sogenannten ›Oslo-Report‹, der aus zwei Briefen bestand, am Mittwoch, 1. November und Donnerstag, 2. November. Die Briefe schickte ich an die britische Botschaft in Oslo. […] Um sicherzugehen, ob der Oslo-Report die richtigen Stellen in England erreicht hatte, bat ich am Ende des zweiten Briefs um eine Änderung der Ansage der BBC von ›Hello, this is London calling‹ in ›Hello Hello, this is London calling.‹ Das sollte am Montag, dem 20. November 1939 am Beginn der 8-Uhr-Abendnachrichten geschehen.«[225]

Mayer schickt die Briefe getrennt voneinander am Mittwoch und Donnerstag ab, der zweiten Sendung legt er eine Glimmlampe bei, die er aus Deutschland mitgebracht hat. Die kleine, bei Siemens entwickelte Gasentladungsröhre ist Teil eines neuen Bombenzünders, den er in seinem zweiten Brief beschreibt. Und noch ein drittes Schreiben verfasst Mayer im Hotel Bristol – adressiert nach Manchester: »Zuerst hatte ich vorgehabt, den Bericht an Herrn Cobden Turner zu schicken. Aber ich hatte die Befürchtung, dass er auf dem Weg von Norwegen nach England verloren gehen könnte. Dennoch schrieb ich in Oslo auch einen gesonderten Brief an Herrn Cobden Turner, indem ich auf die Möglichkeit hinwies, einen ›Kontakt‹ in Dänemark herzustellen. Aus offensichtlichen Gründen unterschrieb ich diesen Brief nicht mit meinem Namen, sondern mit ›Martyl‹.«[226]

Ob Mayer weiß, dass mit Frank Foley inzwischen auch jener britische Geheimdienstoffizier in Oslo ist, der die Flucht von Martyl Kar-

225 Brief von Mayer an Jones, 18.7.1967, Nachlass R. V. Jones, Churchill Archives Centre, RVJO B429
226 Ebenda

weik ermöglicht hat, ist unklar. Die beiden dürften einander nie begegnet sein, womöglich hat Mayer aber durch Turner von Foleys geheimer Tätigkeit erfahren. Der Foley-Biograf Michael Smith vermutet das und nimmt sogar an, dass Mayers Bericht eigentlich für Foley bestimmt war, ihn aber nicht erreicht hat, weil Foley im November 1939 nicht in der Botschaft anwesend war. Das scheint zwar durchaus möglich, Belege dafür gibt es aber nicht – und weder Mayer noch Foley haben nach dem Krieg Derartiges anklingen lassen.[227]

Der »Kontakt« in Dänemark, den Mayer in seinem Brief an Turner erwähnt, ist jedenfalls Niels Holmblad, der Direktor der dänischen Post-, Telefon- und Telegrafenbetriebe in Kopenhagen. Auch Turner kennt Holmblad von den CCIF-Tagungen der vergangenen Jahre. Da eine direkte Kommunikation mit Turner von Deutschland aus inzwischen unmöglich geworden ist, hofft Mayer, über den dänischen Freund Kontakt mit ihm halten zu können.[228] Er kann ihn noch auf der Rückreise nach Deutschland persönlich darum bitten: Am Abend des 2. November reist Mayer mit dem Nachtzug nach Kopenhagen, um Holmblad zu treffen. Der stimmt zu, als Mittelsmann Nachrichten zwischen Turner und Mayer weiterzuleiten, dazu kommt es allerdings nicht: Mayers Brief aus Oslo trifft zwar bei Turner in Manchester ein, doch das bleibt für Jahre das einzige Lebenszeichen, das der Brite von seinem deutschen Freund vernimmt.[229]

Am 4. November 1939 ist Mayer wieder zurück in Berlin, erleichtert, dass seine Reise vollkommen problemlos verlaufen ist. Er erzählt niemandem von der brisanten Post, die er verschickt hat, auch nicht seiner Frau Betty – im besten Fall wäre sie beunruhigt, im schlechtesten Fall als Mitwisserin gefährdet. Erst später wird er realisieren, dass ihm im Oslo-Report ein potenziell fataler Fehler unterlaufen ist: An zwei Stellen hat er Siemens-interne Bezeichnungen für Entwicklungen verwendet,

---

227 Vgl. Smith 2004, S. 177
228 Vgl. Brief von Mayer an Turner, 14.10.1957, Nachlass R. V. Jones, Churchill Archives Centre, RVJO B429
229 Vgl. ebenda

die auf die Autorenschaft eines leitenden Angestellten des Unternehmens hindeuten könnten.[230]

Hoffnung auf Emigration

Vier Tage nach Mayers Rückkehr entgeht Adolf Hitler knapp einem Anschlag: Der antifaschistische Tischler Georg Elser hat im Münchner Bürgerbräukeller eine Bombe mit Zeitzünder versteckt, die während Hitlers jährlicher Rede zum Jahrestag des gescheiterten »Bürgerbräuputsches« von 1923 explodieren soll. Doch Hitlers Rede fällt weitaus kürzer aus als erwartet, er verlässt den Saal 13 Minuten vor der Explosion, die sieben Menschen tötet. Die Nationalsozialisten nutzen das missglückte Attentat als Anlass für eine massive antibritische Propagandawelle. Elser, der auf eigene Faust gehandelt hat, wird noch in der Nacht beim Versuch verhaftet, in die Schweiz zu fliehen. Am nächsten Tag gelingt SS-Männern um Alfred Naujocks die Entführung der beiden britischen Geheimdienstoffiziere Sigismund Payne Best und Richard Henry Stevens aus dem niederländischen Grenzort Venlo nach Deutschland, wo sie der Öffentlichkeit als Drahtzieher des Anschlags präsentiert werden. In Wahrheit haben sie nichts mit der Münchner Bombe zu tun, doch in der gleichgeschalteten deutschen Presse und auf Propagandaplakaten ist von einem »englischen Mordanschlag« die Rede, geplant und ausgeführt von einem Staat, »dessen Geschichte voller Gewalttaten und heimtückischer Morde ist. [...] Wer glaubt heute noch an England?«[231]

Mayer tut genau das. Er verfolgt heimlich auf dem Dachboden die Nachrichten der BBC und setzt seine ganze Hoffnung in das Vereinigte

---

230 Vgl. Oslo-Report im Anhang. Unter Punkt 3 »Ferngesteuerte Gleiter« und Punkt 4 »Autopilot« werden die firmeninternen Geheimnummern »FZ 21« bzw. »FZ 10« genannt. Vgl. auch Jones 1990, S. 274

231 Deutsches Historisches Museum, Propagandaplakat des Nationalsozialistischen Lehrerbundes vom 9. November 1938, online verfügbar unter www.dhm.de/lemo/bestand/objekt/plio3799 (letzter Zugriff: 4.5.2021)

Königreich. »Ich musste Deine Regierung unterstützen, die den Nazis den Krieg erklärt hatte, um Deutschland von der Geißel des Hakenkreuzes zu befreien«, schreibt er nach dem Krieg an Turner. »Du bist so freiheitsliebend, wie ich es bin. Wir hatten beide dieselbe Aufgabe: zu kämpfen um unsere Leben, unsere Familien, unsere Länder und unsere Freiheit.«[232] Zu Mayers großer Erleichterung kommt am 20. November die Empfangsbestätigung aus London, um die er in seinem zweiten Brief an die Botschaft gebeten hat. Die Abendnachrichten der BBC beginnen mit der Ansage »Hello Hello, this is London calling«. Der Oslo-Report ist angekommen.[233]

Die Reise nach Oslo markiert eine endgültige Zäsur in Mayers Leben – aus seinem wachsenden Widerwillen ist aktiver Widerstand geworden. Immer öfter verleiht er seiner Ablehnung des NS-Regimes nun Ausdruck. Nach dem Beginn der deutschen Westoffensive im Mai 1940, die in weiten Teilen der deutschen Bevölkerung Siegeseuphorie auslöst, schreibt er in einem Brief an seine Mutter aus dem schlesischen Bad Reinerz, wo er mit Betty einen Kuraufenthalt verbringt: »Ich hätte Dir und uns gerne gewünscht, dass wir unser Leben in Ruhe und Frieden leben dürften und dass wir ohne Sorgen genießen könnten, was wir durch Fleiß erarbeitet haben. Allein der Satan ist auf die Welt gekommen und brutale Gewalt, Lüge und Betrug sind oben auf. Millionen von Menschen, die weiter nichts wollen, als in Ruhe und Frieden zu leben, wurden vergewaltigt und an einem Tag wird vernichtet, was fleißige Menschen in Jahren erarbeitet haben. Mach dir nichts daraus, alles Unrecht rächt sich auf Erden und das Gute wird doch Sieger bleiben.«[234]

Auch Norwegen und Dänemark stehen inzwischen unter deutscher Besatzung. Im Hotel Bristol in Oslo, wo Mayer nur Monate zuvor seinen Bericht verfasst hat, haben sich hohe Wehrmachtsangehörige einquar-

---

232 Brief Mayer an Turner, 14.10.1957, Nachlass R. V. Jones, Churchill Archives Centre, RVJO B429
233 Vgl. Brief von Mayer an Jones, 18.7.1967, Nachlass R. V. Jones, Churchill Archives Centre, RVJO B429
234 Brief von Hans F. Mayer an Emilie Mayer, 19.5.1940, zitiert nach Hagenauer, Pabst 2014, S. 75

tiert. Die Hotelangestellten haben zuvor noch den kostbaren Weinkeller des Hauses leer geräumt, die Besatzer sollen sich nicht auch noch an den edlen Tropfen vergreifen. Einige Mitarbeiter schließen sich dem norwegischen Widerstand an und liefern dem britischen Geheimdienst Informationen über die »Hotelgäste«.[235]

Frank Foley hat die Stadt inzwischen wieder verlassen – nicht ohne vorher noch wichtige Dokumente aus der Botschaft seines Landes zu vernichten. Seine Mitarbeiterin Margaret Reid erinnert sich später daran, dass Foley sie am 8. April 1940, dem Tag vor der deutschen Invasion, um drei Uhr früh anrief und umgehend zur Botschaft im Stadtteil Frogner bestellte. »Wir sahen das große Feuer, schon bevor wir das Gelände erreichten. Die Männer waren schon an der Arbeit.«[236] Akten, Briefe, Dokumente – alles wird verbrannt, was nicht den Deutschen in die Hände fallen soll. Denkbar wäre, dass in dieser Nacht auch die beiden Originalbriefe des Oslo-Reports in Flammen aufgehen: R. V. Jones in London hat nur Kopien davon erhalten und vermutet später, dass die Originale in Oslo verblieben sind. Sie tauchen jedenfalls nie wieder auf.

In Berlin verfolgt Mayer die Entwicklungen, soweit es möglich ist, mit. Immer wieder informiert er Arbeitskollegen über die Berichte der BBC. Gemeinsam mit seinem älteren Bruder Eugen klebt er in Baden-Baden, wo Eugen lebt, Zettel mit der Aufschrift »Adolf Hitler ist unser Untergang« auf Parkbänke.[237] Mayer macht sich zunehmend Sorgen um seine Familie. Er hat Angst um die Sicherheit seiner Frau und der drei Söhne, fürchtet aber auch die nationalsozialistische Indoktrination, der die Kinder immer mehr ausgesetzt sind. Nach reiflicher Überlegung wagt er einen riskanten Schritt: Am 5. Oktober 1940 betritt Mayer die Konsularabteilung der amerikanischen Botschaft in der Berliner Hermann-Göring-Straße 21. Dort stellt er für seine Frau, die drei Kinder und sich selbst ein offizielles »Ansuchen um Vormerkung zwecks Ein-

---

235 Auskunft von Ebbe Jensen, Enkel des Hotelgründers Waldemar Jensen, an den Verfasser, 22.11.2019

236 Smith 2004, S. 183

237 Vgl. Hagenauer, Pabst 2014, S. 23

wanderung in die Vereinigten Staaten von Amerika« – wie so viele andere auch. Die Aussichten sind alles andere als ermutigend, wie schon auf dem Antrag selbst zu lesen ist: »Warnung! Keine Reisepläne machen! Untersuchung erst nach vielen Jahren! Vorschriften sehr streng! Aussichten sehr gering!«[238]

Nach dem deutschen Überfall auf die Sowjetunion 1941 bemüht sich Mayer noch einmal um eine Ausreise der Familie in die USA. Während eines Aufenthalts in der Schweiz will er versuchen, ob er auf der amerikanischen Botschaft in Bern etwas erreichen kann. Doch als er sich dem Eingang des Botschaftsgebäudes nähert, stoppt ihn ein Unbekannter und warnt: Wenn er keine Schwierigkeiten wolle, solle er sofort umdrehen. Mayer ist sich sicher, dass es sich um einen deutschen Agenten handelt, und lässt seinen Plan fallen.[239]

Prinz-Albrecht-Straße 8

Bei Siemens & Halske hat Mayer inzwischen einen ambitionierten Nationalsozialisten und SS-Mann zum direkten Vorgesetzten: Karl Küpfmüller, mit dem er schon Anfang der 1920er-Jahre nach seinem Eintritt in das Unternehmen zusammengearbeitet und mehrere Publikationen verfasst hat, ist nach einer Neuorganisation zum Direktor der Zentralen Entwicklungsstellen ernannt worden. Damit unterstehen ihm das Zentrale Konstruktionsbüro von Siemens & Halske, die Zentrale Erprobungsstelle und das Zentrallaboratorium, dessen Direktor Mayer ist. Küpfmüller ist bereits 1933 in die SA eingetreten, seit 1937 Mitglied der NSDAP und der SS, wo er bis 1944 bis in den Rang eines Obersturmbannführers aufsteigt. Zugleich hat er eine wachsende

---

238 Kopie des Ansuchens vom 5.10.1940, Nachlass R. V. Jones, Churchill Archives Centre, RVJO B434
239 Vgl. Brief von Peter Mayer an RV Jones, 20.4.1987, Nachlass R. V. Jones, Churchill Archives Centre, RVJO B434

Zahl hoher Ämter in der Rüstungsforschung inne, im Lauf des Kriegs bringt er es bis zum Leiter des wissenschaftlichen Führungsstabs der Kriegsmarine – und wird für seine Dienste mit zahlreichen Auszeichnungen bedacht.[240]

Einiges deutet darauf hin, dass Küpfmüller der Gestapo Informationen über leitende Siemens-Mitarbeiter zukommen lässt.[241] Er wäre mit Sicherheit nicht der Einzige: Denunziationen stehen im Konzern an der Tagesordnung. In unvergleichbar größerem Ausmaß trifft das Überwachungsregime freilich die Zwangsarbeiter, die das Unternehmen inzwischen ausbeutet. 1940 hat der Siemens-Konzern mit der Auslagerung von Produktionsstätten in besetzte Gebiete begonnen, wo die stetig steigenden Produktionsanforderungen durch zwangsverpflichtete Menschen erfüllt werden sollen. Ab 1942 »mietet« das Unternehmen dann auch KZ-Häftlinge von der SS an – in die Verhandlungen darüber ist der stellvertretende Vorstandsvorsitzende Friedrich Lüschen, mit dem Mayer noch im Jahr zuvor gemeinsame Arbeiten veröffentlicht hat, federführend eingebunden. Im Juni 1942 wird mit dem Bau der ersten Arbeitsbaracken unmittelbar neben dem Konzentrationslager Ravensbrück begonnen: Im Siemenslager Ravensbrück werden bis Kriegsende Zigtausende Häftlinge, zum überwiegenden Teil Frauen, zur Arbeit gezwungen. Auch in den Konzentrationslagern Auschwitz III (Monowitz), Buchenwald, Flossenbürg und Groß-Rosen sowie in Zwangsarbeiterlagern bei Siemens-Niederlassungen, darunter in Wien, lässt der Konzern produzieren.[242]

Dass Mayer von ranghohen Nationalsozialisten und Spitzeln umgeben ist, hindert ihn nicht daran, auch in seinem beruflichen Umfeld Kritik am NS-Regime zu üben. Die wachsende Abneigung gegenüber seinen Vorgesetzten Küpfmüller und Lüschen behält er aber für sich. Auch zu seinem fanatischen Doktorvater Philipp Lenard hält er zumindest einen formellen Kontakt aufrecht: 1942 schickt er dem emeritierten

---

240 Zu Küpfmüllers Werdegang 1933–1945 vgl. Hagenauer, Pabst 2014, S. 15-20
241 Vgl. ebenda S. 70
242 Vgl. Roth 1996, S. 153 f.

Professor herzliche Glückwünsche zum 80. Geburtstag – der offiziellen Feier an der Universität Heidelberg, bei der auch der Reichsminister für Wissenschaft Bernhard Rust anwesend ist, bleibt er aber fern. Lenard bedankt sich mit einem Antwortschreiben samt Porträtfoto in Denkerpose bei seinem »lieben Kollegen H. F. Mayer in Erinnerung an die Zeit, da wir noch viel jünger waren«.[243]

Im Juni 1943 stirbt Mayers Mutter Emilie im Alter von 85 Jahren. Bis auf den ältesten Bruder Wilhelm, der schon seit mehr als 40 Jahren in den USA lebt, kommen alle Geschwister zur Beerdigung nach Pforzheim. Der traurige Anlass bringt die Familie noch ein letztes Mal vor Ende des Kriegs zusammen, dann überstürzen sich die Ereignisse.[244]

Am 15. Juni 1943, genau eine Woche nach dem Tod seiner Mutter, wird Mayer bei Siemens & Halske von der Gestapo verhaftet. Diesmal verläuft das Verhör anders als bei seiner kurzen Festnahme 1939: Mayer wird in die Gestapo-Zentrale in der Prinz-Albrecht-Straße 8 gebracht, misshandelt und mit einer Liste schwerwiegender Beschuldigungen konfrontiert, von denen gleich mehrere ein Todesurteil bedeuten können.

243 Johnson 2017, S. 110
244 Vgl. ebenda, S. 110 f.

9. Kapitel:
Am Abgrund

Die »Verbrechen«, die Hans Ferdinand Mayer vorgehalten werden, sind umfangreich: »Abhören von Feindsendern und Verbreitung von Feindpropaganda; Staatsfeindliche Äußerungen und Beleidigung des Führers; Aktive Unterstützung von Juden (Wertsachen auf Auslandsreisen mitgenommen); Arbeitssabotage durch Fehlleitung der Arbeitskraft des Laboratoriums; Verdacht der direkten Verbindung mit den Feindmächten mittels Geheimsender und Verrats militärischer Geheimnisse.«[245]

Allein die Anschuldigungen lassen einen Prozess vor dem Volksgerichtshof befürchten, einem Terrorinstrument zur Durchsetzung der NS-Herrschaft und Einschüchterung der Bevölkerung. Mit rechtsstaatlichen Grundsätzen hat dieses politisch agierende Gericht nichts mehr zu tun: Hier urteilen von Adolf Hitler persönlich ernannte Richter im Schnellverfahren NS-Gegner in erster und letzter Instanz ab. Seit Kriegsbeginn wird dabei immer öfter die Todesstrafe verhängt. Zu einer Verurteilung können schon Delikte wie das Hören von »Feindsendern« oder das Äußern abfälliger Bemerkungen über Hitler führen.[246]

---

245 Zitiert nach Hagenauer, Pabst 2014, S. 24
246 Zur Geschichte des Volksgerichtshofs vgl. etwa Wagner 2011

Größtenteils treffen die Vorwürfe gegen Mayer zu, er muss von jemandem aus seinem Umfeld denunziert worden sein. Aber was genau weiß die Gestapo – ist er auch als Autor des Oslo-Reports aufgeflogen? Dann wäre ihm ein Todesurteil durch den Volksgerichtshof sicher. Der Hintergrund des Gestapo-Mannes, der Mayer verhaftet hat und mit seinem Fall befasst ist, lässt nichts Gutes ahnen: Johannes Strübing war zunächst in der Bekämpfung von Wirtschaftsspionage tätig, seit 1942 ist er als Kriminalkommissar im Reichssicherheitshauptamt für Sabotageabwehr zuständig. Als Angehöriger der Sonderkommission »Rote Kapelle« war er führend an der Verfolgung der Widerstandsgruppe um den Luftwaffe-Offizier Harro Schulze-Boysen beteiligt, die militärische Informationen an die Sowjetunion weitergegeben hat. Viele Mitglieder des Netzwerks wurden hingerichtet.[247]

In den ersten Verhören ist von der Reise nach Norwegen 1939 aber keine Rede. Am Tag nach seiner Verhaftung wird Mayer von Strübing gestattet, seiner Frau zu schreiben. Sie hat in der Zwischenzeit aus dem Büro ihres Mannes erfahren, dass er im Gestapo-Gefängnis sitzt. Mayer ist froh, ihr nichts vom Oslo-Report erzählt zu haben, ihre Sorge um ihn wäre nur noch größer. Er ist um Beruhigung bemüht und bittet sie, ihm Kleidung und Hygieneartikel zu senden, und versteckt eine Botschaft in seinem Brief: »Wenn Du Geld brauchst, wende Dich an Borgsmüller, aber nicht an Herrn von Buol, Lüschen oder Küpfmüller.«[248] Betty Mayer benötigt kein Geld, sondern Hilfe für ihren Mann – sie kann diese Bemerkung nur als Warnung verstehen, seinen hochrangigen Siemens-Kollegen nicht zu vertrauen.

Wer aller Hans Ferdinand Mayer bei der Gestapo denunziert hat, ist nicht abschließend geklärt. Sein Sohn Peter berichtet später, dass das Dienstmädchen der Familie einem Gestapo-Agenten von seinem regelmäßigen Hören der BBC-Nachrichten erzählt habe. Außerdem dürften ihn auch Arbeitskollegen angezeigt haben, wie er selbst im Juni

---

247 Vgl. Goschler 2018, S. 133
248 Brief von Hans Ferdinand Mayer an Betty Mayer vom 16. Juli 1943, zitiert nach Johnson 2017, S. 117

1945 angibt: »Während des Krieges wurde meine Einstellung gegen den Nationalsozialismus immer radikaler. Ich scheute mich nicht, z. B. im Kasino in schärfster Weise gegen die Kriegsverbrechen Stellung zu nehmen. Wie ich erst jetzt erfahren habe, wurden meine Äußerungen von 2 Kollegen, Dr. Fernau und Oberingenieur Goetsch, laufend notiert und der Gestapo gemeldet. Ich sollte wiederholt verhaftet werden, dem Eingreifen der Firmenleitung gelang es jedoch unter Hinweis auf meine wissenschaftlichen Leistungen, die Verhaftung immer wieder niederzuschlagen.«[249]

Auch ein langjähriger Kollege und Vorgesetzter steht unter Verdacht: Karl Küpfmüller, der karrieristische Nationalsozialist. Der Gestapo-Mann Strübing deutet Mayer gegenüber an, dass Küpfmüller »über alle leitenden Herrn der Firma laufend der Gestapo berichtet«[250], wie Mayer später einem Freund schreibt. Ob Küpfmüller etwas mit Mayers Verhaftung zu tun hat oder, wie er nach dem Krieg behaupten wird, sich im Gegenteil für seinen bedrohten Kollegen eingesetzt hat, ist nicht geklärt. Mayer wird seine Ansicht dazu mehrfach ändern, sich aber von seinem einstigen Forschungspartner distanzieren.

Mayer bleibt mehr als zwei Monate lang im berüchtigten »Hausgefängnis« der Gestapo in der Prinz-Albrecht-Straße 8 inhaftiert. Seine Frau darf ihn nicht besuchen, eine Aussicht auf Entlassung gibt es nicht. Immerhin kann Mayer aber inzwischen davon ausgehen, dass die Behörden nicht von der Existenz des Oslo-Reports erfahren haben: Obwohl er des Verrats militärischer Geheimnisse bezichtigt wird, deutet nichts in seinen Verhören darauf hin, dass die Gestapo in dieser Hinsicht etwas Konkretes gegen ihn in der Hand hat. Bei genauerer Überlegung scheint das auch sehr unwahrscheinlich. Wäre Mayer 1939 in Oslo von der Gestapo überwacht und enttarnt worden, hätte man ihn erstens nicht so lange unbehelligt gelassen und zweitens die Zustellung des Oslo-Reports um jeden Preis zu verhindern versucht. Seine

---

249 Zitiert nach Hagenauer, Pabst 2014, S. 72
250 Zitiert nach ebenda, S. 70

Briefe sind aber bei den Briten angekommen, wie das Empfangssignal via BBC bestätigte – und dass sie in der Zwischenzeit in deutsche Hände gefallen sind und er als Autor identifiziert werden konnte, ist kaum vorstellbar. Viel wahrscheinlicher wäre, dass er durch die Denunzierung seiner regimekritischen Äußerungen und »Rundfunkverbrechen«, seine vielen Reisen und Auslandskontakte und seine Arbeit in einem kriegswichtigen Unternehmen ganz grundsätzlich als möglicher Verräter und Saboteur eingestuft wird. Das macht seine Lage allerdings schlimm genug.

Betty Mayer setzt inzwischen alle Hebel in Bewegung, um das Leben ihres Mannes zu retten. Sie bittet bei der Firmenleitung von Siemens & Halske um Unterstützung – Küpfmüller kontaktiert sie nicht, Lüschen hingegen schon.[251] Außerdem wendet sie sich an Philipp Lenard und dessen Frau Katharina. Mit Erfolg: »Es tröstet Sie vielleicht ein wenig, wenn ich mitteile, dass mein Mann gestern an Reichsführer SS Himmler geschrieben hat«, antwortet Katharina Lenard in einem Brief vom 1. Juli 1943 und lässt wissen, dass sie auf einen guten Ausgang hoffe. Dass der glühende Nazi Lenard für seinen regimefeindlichen ehemaligen Assistenten bei Himmler zu intervenieren versucht, ist bemerkenswert. Wie sehr er Mayers Verhalten missbilligt, verkneift er sich aber nicht, wenn er süffisant unter die Zeilen seiner Frau schreibt: »Der Herr Gemahl muss gründlich umdenken lernen. Es kann nichts schaden, wenn er denkt wie ich. Er möge jetzt aller politischen Äußerungen gänzlich sich enthalten, bis das erreicht ist mit dem Denken. Unglück ist die Seife, mit der uns Gott wäscht; Wir aber schreien wie die Kinder, wenn sie gewaschen werden. Heil Hitler! Ihr freundschaftlich ergebener P. Lenard.«[252]

Auch bei Siemens setzen sich einflussreiche Personen für Mayer ein. Hermann von Siemens, der mit dem Unternehmensgründer Werner

---

251 Vgl. Brief von Friedrich Lüschen an Betty Mayer vom 26.8.1943, Nachlass R. V. Jones, Churchill Archives Centre, RVJO B438

252 Brief von Katharina und Philipp Lenard an Betty Mayer, 1.7.1943, Kopie im Nachlass von R. V. Jones, Churchill Archives Centre, RVJO B434

von Siemens und dem Physiker Hermann von Helmholtz gleich zwei berühmte Großväter hat und als Industrieller und »Wehrwirtschaftsführer« bestens mit den NS-Eliten vernetzt ist, verwendet sich ebenso für Mayer wie Friedrich Lüschen. Sie argumentieren mit Mayers wissenschaftlichen Leistungen und seinen kriegswichtigen Fähigkeiten. Die prominente Fürsprache zeigt Wirkung, der geplante Prozess vor dem Volksgerichtshof wird ausgesetzt. Eine Einweisung ins KZ lässt sich nicht verhindern, doch immerhin ist Mayer vorerst nicht mehr akut von der Todesstrafe bedroht. Nach dem Krieg gibt er zu Protokoll: »Bevor ich [...] ins Konzentrationslager Sachsenhausen gebracht wurde, teilte mir der Kommissar Strübing mit, dass die Absicht bestanden habe, mich vor den Volksgerichtshof zu stellen. Ich hätte es nur dem energischen Eingreifen meiner Firma zu verdanken, die sich zuletzt noch an Himmler wandte, dass ich noch meinen Kopf auf den Schultern trage.«[253]

Forschungsarbeit im KZ

Ende August 1943 wird Mayer als »Schutzhäftling« in das Konzentrationslager Sachsenhausen nördlich von Berlin überstellt. Dort wird er zum ersten Mal mit dem vollen Ausmaß der nationalsozialistischen Verbrechen konfrontiert: In Sachsenhausen werden Zehntausende Menschen durch Unterernährung, Zwangsarbeit unter schlimmsten Bedingungen, medizinische Versuche und systematische Vernichtungsaktionen ermordet. Für Mayer ist es nur die erste Station einer fast zweijährigen Odyssee des Schreckens: Schon nach wenigen Tagen wird er am 5. September 1943 in das rund 600 Kilometer entfernte KZ Dachau nordwestlich von München verlegt.[254]

---

253 Zitiert nach Hagenauer, Pabst 2014, S. 26
254 Vgl. Zugangsbuch KZ Sachsenhausen, 1.1.6.1 / 9894652 sowie Zugangsliste KZ Dachau 1.1.6.1 / 993793, ITS Digital Archive, Arolsen Archives

Mayer ist dank der Interventionen seiner Firmenleitung ein privilegierter Häftling, dessen wissenschaftliche und technische Expertise ranghohen SS-Mitgliedern bekannt ist. Er hat das Glück, dass in den Konzentrationslagern just zur Zeit seiner Internierung Ausschau nach erfahrenen Technikern und Ingenieuren für die Rüstungsforschung gehalten wird. Um den Vorsprung der Alliierten im Bereich des Radars aufzuholen, der auch durch die technologische Kooperation Großbritanniens mit den Ende 1941 in den Krieg eingetretenen USA immer offensichtlicher wird, ist die »Reichsstelle für Hochfrequenzforschung« gegründet worden. Zahlreiche Institutionen sind daran beteiligt. Der »Reichsführer SS« Heinrich Himmler will sich ebenfalls einbringen und sagt den Einsatz fachkundiger KZ-Häftlinge zu, die aus unterschiedlichen Lagern zusammengezogen werden sollen.

Da kommt Mayer gerade richtig: Im KZ Dachau wird ein Hochfrequenzforschungsinstitut eingerichtet, das von einem Häftlingskommando betrieben werden soll. Mayer soll die wissenschaftliche Leitung übernehmen. Hans Plendl, der als Erfinder von Funknavigationsverfahren für die Luftwaffe R. V. Jones' Widersacher im Luftkrieg um England gewesen und inzwischen zum Bevollmächtigten für Hochfrequenzforschung ernannt worden ist, informiert Himmler später: »Im August 1943 wurde im Einvernehmen mit dem Reichsführer SS – Wirtschaftsverwaltungshauptamt – im Konzentrationslager Dachau ein Hochfrequenzforschungs-Institut eingerichtet. Leiter des Institutes ist der SS-Obersturmführer Schröder. Dem Institut stehen ausschließlich Häftlinge als Mitarbeiter zur Verfügung und zwar als wissenschaftlicher Leiter der Häftling Hans Maier [sic], ehemaliger Direktor des Zentrallabors der Fa. Siemens & Halske, und weitere 20 bis 25 Häftlinge, die Dipl.-Ingenieure, Physiker, Ingenieure und Techniker auf fachlich einschlägigem Gebiet sind.«[255]

Betty Mayer hat beim Siemens-Vorstand inzwischen erreicht, dass Hans Ferdinands Direktorengehalt an die Familie weitergezahlt wird.

---

255 Schreiben von Plendl an Himmler, 7.1.1944, Kopie im Nachlass R. V. Jones, Churchill Archives Centre, RVJO B437

Damit hat sie zumindest keine finanziellen Schwierigkeiten – andere Sorgen gibt es indes genug, nicht nur um ihren Mann: Berlin ist das Ziel massiver Luftangriffe der Royal Air Force, Betty schickt die Kinder zu Verwandten und verlässt die Stadt auch selbst wann immer möglich. Im November 1943 lässt Arthur Harris, der Oberbefehlshaber des RAF Bomber Command, die bis dahin größte Offensive gegen die Reichshauptstadt beginnen. Ziel der Strategie, die Churchills wissenschaftlicher Berater Frederick Lindemann schon seit 1942 propagiert, ist die Zermürbung der deutschen Kriegsmoral durch die Flächenbombardierung großer Städte. Auch Harris zeigt sich überzeugt, dass Deutschland durch Luftangriffe zur Kapitulation gezwungen werden kann. Nach massiven Angriffen auf Lübeck, Rostock, Köln und Hamburg konzentriert sich der Einsatz nun auf die Hauptstadt: »Wir können Berlin von einem Ende bis zum anderen verwüsten, wenn sich die Amerikaner daran beteiligen. Es wird uns zusammen 400 oder 500 Flugzeuge kosten, Deutschland aber wird es den Krieg kosten.«[256] Der Plan geht nicht auf: Bis März 1944 richten insgesamt 19 alliierte Großangriffe enorme Zerstörung in Berlin an und kosten Tausende Menschen das Leben, zum erhofften Sturz des NS-Regimes führen sie aber nicht.[257]

Der eskalierende Luftkrieg führt der NS-Führung und den deutschen Militärs drastisch vor Augen, wie groß ihr Rückstand im Bereich der Radartechnik ist. Noch immer existiert keine zentrale Koordination der deutschen Forschung auf diesem Gebiet und Plendl kommt zu dem ernüchternden Schluss, dass die deutsche Forschungskapazität jener der Alliierten »etwa im Verhältnis von 1:10 unterlegen« ist und unter erheblichem Mangel an Fachpersonal und institutioneller »Zersplitterung« leide.[258] Nun sollen die Ressourcen stärker zusammengefasst und ein kooperatives Forschungsprogramm aufgestellt werden.

Die Entdeckung des britischen Radarsystems H2S in einem über Rotterdam abgeschossenen Flugzeug beschleunigt diese Anstrengun-

256 Zitiert nach Kellerhoff 2017, S. 247
257 Vgl. ebenda
258 Flachowsky 2005, S. 216

gen. Das Gerät arbeitet mit einer Wellenlänge von nur 9,1 Zentimetern und ermöglicht Piloten eine selbstständige Navigation bei Nacht und Schlechtwetter – der Luftwaffe steht nichts Vergleichbares zur Verfügung. Sofort wird eine »Arbeitsgemeinschaft Rotterdam« eingerichtet, welche die Funktionsweise ergründen und Gegenmaßnahmen entwickeln soll. Alle relevanten Teile aus abgeschossenen Flugzeugen sollen nun dem Bevollmächtigten für Hochfrequenzforschung zur Verfügung gestellt werden.[259]

Welche Forschungsarbeiten im »Hochfrequenzforschungsinstitut« im KZ Dachau durchgeführt werden, ist nur bruchstückhaft überliefert, die Häftlinge werden aber ebenfalls mit der Untersuchung elektronischer Bauteile aus feindlichen Flugzeugen befasst.[260] Sicher ist, dass Mayer auch zu dieser Zeit Forschungsarbeiten für Siemens & Halske durchführt: Das Unternehmen, das auch für die neuen Radaranstrengungen Aufträge mit höchster Dringlichkeitsstufe erhalten hat, zahlt sein Gehalt nicht allein aus Loyalität weiter; Lüschen berichtet später, dass er Mayer mit Arbeit versorgt habe und auch der für das Häftlingskommando verantwortliche SS-Obersturmführer Martin Schröder steht mit Siemens & Halske in Kontakt.[261] Zudem erhält Mayer überraschenderweise Besuch in Dachau – ausgerechnet von Küpfmüller, der das Lager dank seines hohen SS-Rangs betreten kann. Mayer, der seiner Frau Betty nun schreiben darf, bittet sie um Zusendung einiger technischer Fachbücher, die er auch tatsächlich erhält.[262]

Für die SS müssen Mayer und seine Mithäftlinge auch defekte Funkgeräte und Radios reparieren. Dabei gelingt es ihnen, aus abgezweigten elektronischen Bauteilen selbst kleine Radioempfänger mit Kopfhörern zu bauen, die sie zum gelegentlichen Abhören ausländischer Nachrichten über den Kriegsverlauf nutzen. Indes wird auch eine Radar-Ver-

259 Vgl. ebenda, S. 220
260 Vgl. Konieczny 2004
261 Betty Mayer begegnete Schröder im Büro von Siemens & Halske, während ihr Mann im KZ Dachau inhaftiert war. Vgl. Brief von Peter Mayer an R. V. Jones, 29.12.1985, Nachlass R. V. Jones, Churchill Archives Centre, RVJO B432
262 Vgl. Johnson 2017, S. 136 ff.

suchsanlage in der Nähe von Bayrischzell errichtet: das Außenlager Sudelfeld – Luftwaffe. Von der Anlage sind heute noch Überreste erhalten, etwa ein Betongehäuse für einen Parabolspiegel.[263]

Häftlingskommando »Wetterstelle«

Im Dezember 1944 wird Hans Plendl als Bevollmächtigter für Hochfrequenzforschung abgesetzt – ihm wird mangelnder Erfolg bei der Forschungskoordination vorgehalten. Sein Nachfolger in dieser Funktion ist ein Bekannter von Mayer: Abraham Esau. Mayer hat den Physiker und Pionier des Amateurfunks Ende der 1920er-Jahre kennengelernt, seither hat Esau in der Wissenschaft und im NS-Staat eine steile Karriere hingelegt. Zunächst Professor für Technische Physik und dann Rektor der Universität Jena, ist der 1933 in die NSDAP eingetretene Esau inzwischen Präsident der Physikalisch-Technischen Reichsanstalt und bekleidet zahlreiche Funktionen und Ämter. Bis zu seiner Ablöse von Plendl ist er auch als Bevollmächtigter für Kernphysik für das deutsche Uranprojekt zuständig gewesen. Auch Betty Mayer ist Esau und seiner Frau in der Vergangenheit begegnet, als sie von seiner Ernennung hört, bittet sie auch ihn um Hilfe für ihren Mann. Er verspricht, sich für eine Verbesserung seiner Haftbedingungen einzusetzen.[264]

Weder Hans Ferdinand noch Betty wissen, dass bald wieder eine Verlegung in ein anderes Konzentrationslager bevorsteht: Die Zwangsarbeit im Bereich der Hochfrequenzforschung soll ausgeweitet werden, im KZ Groß-Rosen werden zu diesem Zweck im Frühjahr 1944 neue Baracken errichtet. Dort soll neben Mayers Häftlingsinstitut aus Dachau auch eine Werkstatt für bis zu 200 angelernte Häftlinge zur »Ausschlachtung von Beutegeräten […] und dann in immer steigendem

---

263 Vgl. Zegenhagen 2009, S. 550
264 Vgl. Johnson 2017, S. 140

Maße durch Arbeiten wie Bau von Messinstrumenten, Geräten und Einzelteilen für die Bedürfnisse der Hochfrequenzforschung«[265] untergebracht werden.

Das Forschungslabor samt Werkstatt des Häftlingskommandos, das den Tarnnamen »Wetterstelle« erhält, liegt neben den Steinbrüchen außerhalb des Lagers. Dorthin werden Mayer und seine Mithäftlinge nun täglich von SS-Wachen eskortiert, um erbeutete Geräte und elektrische Anlagen aus alliierten Flugzeugen und Panzern zu reparieren und Versuche durchzuführen. Was dafür an Messgeräten und technischer Ausrüstung nicht vorhanden ist, muss selbst hergestellt werden. Die »Wetterstelle« wächst zwar nicht auf die ursprünglich geplante Größe, bis Februar 1945 sind aber immerhin 90 Häftlinge in der Einrichtung eingesetzt.[266]

Wie schon zuvor in Dachau hören Mayer und seine Mithäftlinge über selbst gebastelte Radioempfänger heimlich ausländische Nachrichten – und können bruchstückhaft mitverfolgen, was sich außerhalb des Lagers abspielt: der Vorstoß der Alliierten im Westen, die sowjetische Offensive im Osten, die verheerenden Bombardierungen deutscher Städte und der Zusammenbruch der Wehrmacht. Ende Januar 1945 kommt schließlich die Nachricht von der Befreiung des Konzentrationslagers Auschwitz durch die Rote Armee. Es liegt keine 250 Kilometer von Groß-Rosen entfernt.

Zusammenbruch

Das Vorrücken der Roten Armee löst eine Massenflucht deutscher Zivilisten in Richtung Westen aus. In Westpolen, Ostpreußen und Schlesien machen sich Hunderttausende Menschen aus Angst vor den

---

265 Schreiben von Plendl an Himmler, 7.1.1944, Kopie im Nachlass R. V. Jones, Churchill Archives Centre, RVJO B437
266 Konieczny 2004, 11 f.

Rotarmisten auf den Weg ins innere Reichsgebiet. Während Hitler sich weigert, die Unterlegenheit der Wehrmacht anzuerkennen und einen taktischen Rückzug zu genehmigen, zu dem ihn seine Generäle drängen, ist die Räumung der Konzentrationslager schon längst im Gange. Im Januar 1945 sind SS-Aufzeichnungen zufolge mehr als 700 000 Menschen im deutschen KZ-System interniert, die tatsächliche Zahl dürfte noch viel höher liegen. Um eine Befreiung der Häftlinge durch die Alliierten zu verhindern, werden sie unter mörderischen Bedingungen ins Reichsinnere gebracht. Die oft wochenlangen Todesmärsche und Bahntransporte, die von Massenmordaktionen begleitet werden, sind das letzte große Kapitel der nationalsozialistischen Vernichtungspolitik. Mehr als 35 Prozent aller Lagerhäftlinge überleben die Verbrechen in der Endphase der nationalsozialistischen Herrschaft nicht.[267]

Als im Januar mit der »Evakuierung« des KZ Auschwitz und seiner Nebenlager begonnen wird, dient Groß-Rosen als erstes Auffang- und Transitlager. Innerhalb weniger Tage treffen Tausende kranke und völlig entkräftete Häftlinge ein. Die ohnehin katastrophalen Lebensbedingungen verschlechtern sich dramatisch: In Baracken, die für 200 Häftlinge errichtet worden sind, werden nun zeitweise 1400 Menschen gepfercht, die Versorgung bricht vollends zusammen. »Dantes Inferno war ein Paradies im Vergleich dazu«[268], beschreibt der aus Auschwitz nach Groß-Rosen verlegte ungarische Jude Simon Klein die Situation. Auch für Mayer und seine Mithäftlinge der »Wetterstelle«, die bislang besser versorgt worden sind, verschlechtert sich die Lage massiv. Die chaotische Auflösung des KZ Groß-Rosen steht nun ebenfalls unmittelbar bevor.

Am 11. Februar 1945, nur zwei Tage vor dem Eintreffen der Roten Armee in Groß-Rosen, wird Mayers Gruppe gemeinsam mit rund 4800 weiteren Häftlingen in offenen Güterwaggons abtransportiert. Nach

---

267 Blatman 2011, S. 12
268 Zitiert nach ebenda, S. 161

vier Tagen Fahrt in bitterer Kälte und ohne jede Versorgung treffen sie im KZ Mauthausen bei Linz ein. Mayer schätzt später, dass etwa 500 Menschen aus Groß-Rosen den Transport nicht überlebt haben und 200 weitere sofort nach der Ankunft erschossen wurden.[269] Mauthausen, das größte Konzentrationslager auf österreichischem Boden, ist inzwischen ebenfalls Zielort großer Räumungstransporte – auch hier ist die Lage völlig chaotisch. Auf Mayers Häftlingskommando hat in Mauthausen niemand gewartet, von der Forschungsarbeit der »Wetterstelle« ist dort nichts bekannt. Die Gruppe wird von der SS späteren Angaben zufolge im Block 20 untergebracht, eine von den übrigen Teilen des Lagers isolierte Baracke, die unter dem Namen »Todesblock« berüchtigt ist.[270] Hier sind seit dem Frühjahr 1944 größtenteils kriegsgefangene sowjetische Offiziere interniert gewesen, die einzig zu ihrer Ermordung nach Mauthausen gebracht worden sind. Nur Tage vor Mayers Ankunft, in der Nacht auf den 2. Februar 1945, haben rund 500 der Häftlinge aus Block 20 einen nahezu aussichtslosen Ausbruchsversuch unternommen. Mehr als 400 Personen ist es gelungen, die Lagermauern zu überwinden. Doch fast alle werden in den folgenden Tagen und Wochen in einer beispiellosen Menschenjagd von der SS, der Gendarmerie, Angehörigen des Volkssturms und der Wehrmacht sowie Zivilpersonen aufgespürt und meist an Ort und Stelle ermordet. Kaum mehr als ein Dutzend der Geflüchteten überlebt, zwei von ihnen dank der Bäuerin Maria Langthaler, die sie, ohne zu zögern, bis zum Ende des Kriegs auf dem Hof ihrer Familie versteckt.[271]

Entsetzt über die Bedingungen in Mauthausen, pocht Mayer bei der Lagerleitung auf die kriegswichtige Arbeit seines Häftlingskommandos. Nach Tagen der angstvollen Ungewissheit stellt sich heraus, dass die technische Ausrüstung der »Wetterstelle« aus Groß-Rosen in das KZ Sachsenhausen transportiert worden ist. Es gelingt, eine Verlegung der Gruppe zu erreichen: Am 24. Februar ist Mayer wieder auf dem Weg

---

269 Vgl. Hagenauer, Pabst 2014, S. 30
270 Vgl. Johnson 2017, S. 157
271 Vgl. Kaltenbrunner 2012

nach Sachsenhausen – in jenes KZ bei Berlin, in dem seine Lager-Odyssee vor knapp 18 Monaten begonnen hat.[272]

Die Rote Armee steht inzwischen an der Oder nur noch 80 Kilometer vom Zentrum Berlins entfernt, im Westen rücken die Alliierten in Richtung Rhein vor. Auch im KZ Sachsenhausen bricht Chaos aus. Mayers Häftlingskommando wird mehrfach in unterschiedlichen Blocks untergebracht, Anfang März sollen die technischen Arbeiten wieder aufgenommen werden. Die Umstände lassen dies jedoch kaum noch zu und schon bald werden sie für andere Tätigkeiten im Lager herangezogen. Mayer gelingt es erstmals seit einem Dreivierteljahr wieder, einen Brief an seine Frau zu schicken, die noch nichts von seinen neuerlichen Verlegungen weiß und mit den Kindern Zuflucht bei der Familie in Pforzheim gefunden hat. Ihr trauriges Antwortschreiben erreicht ihn nicht: Dass Pforzheim am 23. Februar bei einem massiven Luftangriff nahezu vollständig zerstört worden ist und unter den Tausenden Toten auch seine Schwester Emilie und deren Mann sind, erfährt er erst später.[273]

Während die Alliierten immer größere Teile Deutschlands von der NS-Herrschaft befreien und sich die Rote Armee auf die Einnahme der Reichshauptstadt vorbereitet, pocht Hitler in seinem Bunker unter der Reichskanzlei fanatisch auf einen Endkampf bis zum Untergang – ohne jede Rücksicht auf Verluste unter der Zivilbevölkerung. Die »Politik der verbrannten Erde«, die den deutschen Vernichtungskrieg gegen die Sowjetunion gekennzeichnet hat, soll auch im Reichsgebiet zur Anwendung kommen. Am 19. März erlässt Hitler den Befehl über »Zerstörungsmaßnahmen im Reichsgebiet«, der als Nerobefehl bekannt werden sollte: »Alle militärischen Verkehrs-, Nachrichten-, Industrie- und Versorgungsanlagen sowie Sachwerte innerhalb des Reichsgebietes, die sich der Feind für die Fortsetzung seines Kampfes irgendwie sofort oder in absehbarer Zeit nutzbar machen kann, sind zu zerstören.«[274] Zur Um-

---

272 Vgl. Nummernbuch KZ Mauthausen, 1.1.26.1 / 1280807 IST, Digital Archive, Arolsen Archives
273 Vgl. Johnson 2017, S. 160
274 Zitiert nach Roberts 2019, S. 712

setzung des Zerstörungsbefehls in größerem Ausmaß kommt es nicht – doch der fanatische »Endkampf«, in den zuletzt noch zahlreiche Jugendliche geschickt werden, kostet Zigtausende weitere Menschenleben.

Die Kämpfe in Berlin sind schon im Gange und die Rote Armee ist nur noch wenige Kilometer vom KZ Sachsenhausen entfernt, als die Räumung beginnt. In den frühen Morgenstunden des 21. April 1945 werden rund 33 000 Häftlinge, darunter auch Mayer, in Gruppen von je 500 Personen zu Todesmärschen Richtung Nordwesten gezwungen. Tausende überleben die Torturen dieser letzten Tage vor der Befreiung nicht. Ab 23. April werden viele der Häftlinge in einem Waldgebiet nahe der brandenburgischen Stadt Wittstock versammelt und bleiben dort tagelang unter freiem Himmel sich selbst überlassen – ohne jegliche Versorgung. Die Wachmannschaften sichern das Areal von außen ab, wer einen Fluchtversuch wagt, wird erschossen. Die Gefangenen versuchen, ihren Hunger mit Gras und Baumrinden zu stillen, und graben im Waldboden nach Wasser. Mayer beschreibt nach dem Krieg die entsetzlichen Bedingungen und das Massensterben unter den Häftlingen.[275]

Dann geschieht etwas völlig Unerwartetes: Während das provisorische Lager bereits wieder in Auflösung begriffen ist, stellt SS-Sturmscharführer Kurt Erdmann, der sich sowohl im KZ Sachsenhausen als auch auf den Todesmärschen persönlich an Mordaktionen beteiligt hat, aus unbekannten Gründen rund 250 Häftlingen Entlassungspapiere aus. Auch Hans Ferdinand Mayer erhält einen formellen Entlassungsschein, datiert auf den 27. April 1945. Nach 20 Monaten Haft in vier verschiedenen Konzentrationslagern ist er plötzlich wieder frei.[276]

---

275 Vgl. Blatman 2011, S. 275 ff., sowie Johnson 2017, S. 162
276 Vgl. Johnson 2017, S. 164

10. Kapitel:
Der Vorhang fällt

Geschwächt und gezeichnet von den letzten und schwersten Wochen seiner KZ-Haft macht sich Hans Ferdinand Mayer zu Fuß auf den Weg Richtung Berlin. Unterwegs erhält er Verpflegung von Bauern und begegnet russischen Soldaten. Als er am 12. Mai die stark zerstörte Hauptstadt erreicht, ist der Krieg schon vorbei. Am 30. April hat sich Hitler in seinem Bunker erschossen, zwei Tage später sind die Kämpfe in Berlin zu Ende gegangen. Auf der Ruine des Reichstags weht nun die sowjetische Fahne. Die fanatischen Durchhalteparolen von Großadmiral Karl Dönitz, Oberbefehlshaber der Kriegsmarine und von Hitler zu seinem Nachfolger bestimmt, haben den endgültigen Zusammenbruch des nationalsozialistischen Terrorstaats und die bedingungslose Kapitulation der Wehrmacht am 8. Mai natürlich nicht aufzuhalten vermocht, die astronomische Zahl der Todesopfer aber noch weiter in die Höhe getrieben.

»Leute laufen betreten durch die Straßen. Die kurze Pause im Geschichtsunterricht macht sie nervös. Die Lücke zwischen dem Nichtmehr und dem Nochnicht irritiert sie«[277], hält der Schriftsteller und NS-Gegner Erich Kästner in seinem Tagebuch die merkwür-

---

277 Kästner 1989, S. 130

dige Stimmung dieser Maitage fest. Während bald allerorts eilig belastende Dokumente und Parteiabzeichen verschwinden, Uniformen und Hakenkreuzfahnen verbrannt werden und der Mythos einer breiten Gegnerschaft zum Nationalsozialismus geboren wird, stehen Suizide enttäuschter Nationalsozialisten und hochrangiger Vertreter des Regimes an der Tagesordnung. Viele wollen sich ihrer Verantwortung für die nationalsozialistischen Verbrechen entziehen. Auch Friedrich Lüschen, der den Zwangsarbeitereinsatz bei Siemens mitverantwortet und hohe Rüstungsämter innegehabt hat, nimmt sich wenige Wochen nach Kriegsende das Leben. Hans Ferdinand Mayer hat ihm viel zu verdanken, nicht nur beruflich: Lüschens Interventionen nach Mayers Verhaftung durch die Gestapo haben ihm vielleicht das Leben gerettet.

Bis Mayer seine Familie wiedersehen kann, dauert es noch mehrere Wochen. Betty Mayer ist mit den Kindern in Baden-Baden, die Ausreise aus Berlin ist nur mit spezieller Genehmigung möglich. Hans Ferdinand Mayer meldet sich bei Siemens und wird dort auch gleich wieder eingesetzt – im Auftrag der sowjetischen Besatzungsmacht. Noch ist Berlin vollständig von der Roten Armee besetzt, die eilig mit der Demontage von Industrieanlagen beginnt, um sie in die Sowjetunion zu bringen. In Berlin rückt dabei vor allem die elektrotechnische Industrie in den Fokus: Moskau erhofft sich von der Technik der Unternehmen Siemens, Telefunken und AEG, die in die deutsche Rüstung involviert waren, Fortschritte in den Bereichen elektronische Waffensteuerungssysteme, Kommunikations- und Radartechnik.[278]

Mayer soll gemeinsam mit 300 anderen Siemens-Angestellten technische Dokumente, Patente und Patentanträge des Unternehmens aus den Kriegsjahren sichten und Zusammenfassungen schreiben. Dank seines KZ-Entlassungsscheins, der ihn als Opfer der Nationalsozialisten ausweist, wird Mayer von der Besatzungsarmee gut

---

278 Vgl. Böhme 2006, S. 70

behandelt. Vom Oslo-Report berichtet er weiterhin niemandem, er erwähnt ihn auch nicht in den offiziellen Angaben zu seiner Haft, die er machen muss, um als NS-Opfer anerkannt zu werden. Ende Juni erhält er die ersehnte Bescheinigung der sowjetischen Militärbehörde, die ihm die Ausreise aus Berlin ermöglicht: »Doktor Hans Mayer war nach seiner Befreiung [sic] aus dem Konzentrationslager im Mai und Juni mit besonderen Arbeiten im Auftrage der russischen Militärorganisation beauftragt. Die ihm auferlegten Arbeiten sind nun beendet. Doktor Mayer ist unterwegs nach Baden-Baden, um seine Familie abzuholen. Wir bitten alle Organisationen, ihm auf dem Wege nach Baden-Baden und zurück nach Berlin mit der Familie jede Unterstützung zu gewähren.«[279] Fast zwei Jahre nach seiner Verhaftung durch die Gestapo ist Mayer, inzwischen bald 50 Jahre alt, endlich wieder bei seiner Familie.

»Operation Overcast«

Ende 1945 übernimmt Hans Ferdinand Mayer die Leitung der Zentralen Entwicklungsstellen bei Siemens & Halske und ersetzt damit seinen früheren Kollegen und Vorgesetzten Karl Küpfmüller, der aufgrund seines hohen SS-Rangs und seiner Ämter in der Rüstungsforschung von der US-Army als »War Crime Suspect« interniert worden ist.[280] Doch ehe Mayer sich mit dem schwierigen Neuaufbau des Unternehmens befassen kann, dem die Fortsetzung rüstungsrelevanter Forschung und Produktion von den Alliierten untersagt ist, erhält er ein anderes Angebot: Er könnte im Rahmen des geheimen US-Militärprojekts »Overcast« als technischer Experte befristet in den Vereinigten Staaten von Amerika arbeiten.

---

279 Bescheinigung der russischen Militärbehörde vom 28.6.1945, zitiert nach Johnson 2017, S. 171
280 Vgl. Hagenauer, Pabst 2014, S. 32

Im besiegten Deutschland hat längst nicht nur die Demontage von Produktionsmitteln begonnen, es ist auch ein regelrechtes Wettrennen um führende deutsche Wissenschaftler und Ingenieure zwischen den USA und der Sowjetunion entbrannt: Das deutsche Know-how in Schlüsselbereichen wie Atomphysik, Raketentechnik, Flugzeugbau und Elektrotechnik soll für das jeweils eigene Militär genutzt und, mindestens ebenso wichtig, dem Zugriff des jeweils anderen entzogen werden. Das US-Oberkommando hat schon nach der alliierten Landung in der Normandie im Juni 1944 gemeinsam mit dem britischen Militär sogenannte Target-Forces eingerichtet, die Ziele aus Wissenschaft und Industrie ausfindig machen sollten – darunter Ausrüstung, Dokumente und Personal.

Die Grundprämisse des als »Operation Overcast« und später »Operation Paperclip« bezeichneten Projekts zur Rekrutierung deutscher Schlüsselkräfte formuliert John Knerr, Deputy Commander der United States Strategic Air Forces in Europe, wenige Wochen nach Kriegsende so: »Die Besetzung deutscher wissenschaftlicher und industrieller Einrichtungen hat gezeigt, dass wir in vielen Forschungsbereichen erschreckend hinterherhinken. Wenn wir die Gelegenheit nicht nutzen, die Apparate und die Köpfe, die sie entwickelt haben, zu ergreifen und sofort weiterarbeiten zu lassen, werden wir mehrere Jahre zurückfallen [...]. Stolz und Gesichtswahrung haben in Fragen der nationalen Sicherheit keinen Platz.«[281]

Skrupel gibt es bei der Aneignung der deutschen Expertise nicht. Das zeigt die Rekrutierung von Wissenschaftlern und Ingenieuren, die zum Teil tief in die nationalsozialistischen Verbrechen verstrickt waren und nun in den USA steile Karrieren vor sich haben, anstatt zur Verantwortung gezogen zu werden. Wernher von Braun ist wohl das bekannteste Beispiel dafür. Unter den rund 1500 deutschen und österreichischen Spezialisten, die in den Nachkriegsjahren in die USA gebracht werden – teils freiwillig, teils unter Zwang –, sind aber auch un-

---

281 Zitiert nach Crim 2018, S. 51

belastete Personen, entscheidend für die Auswahl ist ihre Qualifikation. Die Sowjetunion bemüht sich bald ebenfalls nach Kräften, deutscher Experten habhaft zu werden, und bringt Tausende außer Landes, viele von ihnen unfreiwillig.[282]

Mayer, der von den Alliierten inzwischen offiziell als »Opfer des Faschismus« anerkannt ist[283], droht keine Zwangsrekrutierung. Während seiner kurzen Tätigkeit für die sowjetische Besatzungsmacht bei Siemens ist ihm auch eine Tätigkeit in Moskau angeboten worden, die er aber höflich und umgehend abgelehnt hat.[284] Die Möglichkeit, in die USA zu gehen, interessiert ihn weitaus mehr – auch wenn sie eine neuerliche Trennung von seiner Familie bedeuten würde: Mayer wird im Hauptquartier der United States Forces European Theater (USFET) in Frankfurt am Main ein zwölfmonatiger Vertrag im Rahmen der »Operation Overcast« angeboten. Für seine Familie in Deutschland wäre gut gesorgt, sie dürfte ihn aber nicht begleiten. Er bedingt sich aus, sich mit seiner Frau und dem Vorstand von Siemens & Halske zu besprechen, ehe er eine Entscheidung trifft. Diese fällt schließlich positiv aus: Sowohl die Verbesserung der familiären Einkommenssituation als auch die Hoffnung, in den USA bessere Arbeits- und Forschungsbedingungen im Bereich der Nachrichtentechnik vorzufinden als im zerstörten und besetzten Berlin, geben den Ausschlag. Mit Siemens & Halske kann Mayer zudem die Möglichkeit einer Rückkehr nach Ablauf seines US-Vertrags vereinbaren.[285]

Am 8. April 1946 kommt Hans Ferdinand Mayer zum zweiten Mal in seinem Leben in den USA an. Bei seinem ersten Besuch während der Novemberpogrome 1938 hat er sich als Repräsentant eines deutschen Großkonzerns unter Verdacht gefühlt, ein Nazi zu sein. Dieses Mal trägt er demonstrativ eine Anstecknadel, die ihn als ehemaligen KZ-

---

282 Vgl. ebenda, S. 50
283 Vgl. Kopie »Ausweis für die Opfer des Faschismus« No. 3084, 10.2.1946, Churchill Archives Centre, RVJO B434
284 Vgl. Hagenauer, Pabst 2014, S. 37
285 Vgl. Johnson 2017, S. 183

Häftling ausweist. Damit ist er unter seinen Landsleuten, mit denen er nun in der Wright-Patterson Air Force Base in Dayton, Ohio, untergebracht wird, in keiner guten Gesellschaft: Unter ihnen sind zahlreiche ehemalige Mitglieder der NSDAP und SS. Mayers technische Expertise wird vom US-Militär zwar als herausragend beurteilt, doch die Lebensumstände und Arbeitsbedingungen auf dem Militärstützpunkt sind ernüchternd. Mayer steht wie die anderen Deutschen unter zahlreichen Auflagen und darf das Gelände nicht verlassen. Er bemüht sich um eine Anstellung in einem Unternehmen außerhalb des Militärs – doch daraus wird nichts.

Immerhin wird ihm zu Jahresende ein Familienbesuch in Deutschland genehmigt. Auf dem Weg kann er noch einige Tage in New Jersey Station machen und, wie schon 1938, die Bell Laboratories besuchen. Seine Hoffnung, eine Anstellung in der herausragenden Forschungsabteilung zu erhalten, erfüllt sich zwar nicht: Die Enthüllung mehrerer Medien, dass deutsche Wissenschaftler, darunter Nationalsozialisten, nun für die USA arbeiten und auch noch ins Land gebracht worden sind, hat in der Zwischenzeit für große Aufregung und Unverständnis in der amerikanischen Öffentlichkeit gesorgt. Die Bell Labs wollen nicht mit der Sache in Verbindung gebracht werden und niemanden aus dem Militärprogramm aufnehmen. Der Zwischenstopp zahlt sich aber dennoch aus. Mayer trifft nicht nur exzellente Wissenschaftler wie den Mathematiker Claude Shannon, der bald darauf seinen bahnbrechenden Aufsatz »A Mathematical Theory of Communication« veröffentlicht und zum »Vater der Informationstheorie« wird. Es gibt auch ein Wiedersehen mit Charles Burrows, den er von seinem ersten Besuch in den Bell Labs kennt und der inzwischen die School of Electrical Engineering an der Cornell University in Ithaca, New York, leitet. Er schlägt Mayer vor, sich dort um eine Professur zu bemühen.

Mayer ergreift die Chance und bewirbt sich nach seiner Rückkehr aus Deutschland Anfang 1947 an der Cornell University. Dort ist man von seiner Expertise in der Nachrichtentechnik angetan und bietet ihm einen vorerst befristeten Vertrag mit Option auf eine unbefristete Professur an. Die geplante Anstellung eines deutschen Wissenschaftlers sorgt unter der Belegschaft der Universität allerdings für Proteste: Das »Project Paperclip«, wie das Rekrutierungsprogramm der »Operation Overcast« inzwischen heißt, sorgt im ganzen Land für hitzige Debatten, die auch den Cornell-Campus längst erreicht haben. Dass Mayer als NS-Gegner selbst verfolgt wurde, geht in der aufgeheizten Stimmung zunächst unter. Die Mehrheit der US-Bürger lehnt einer Gallup-Umfrage vom Januar 1947 zufolge den »Import von Nazi-Wissenschaftlern«[286] ab, jüdische Organisationen, Kriegsveteranen, Wissenschaftsverbände und prominente Forscher wie Albert Einstein sprechen sich vehement gegen das Programm aus – letztlich ohne Erfolg: Für Politik und Militär rechtfertigt die immer offenere Konkurrenz mit der Sowjetunion die Rekrutierung von Experten auch mit fragwürdiger Vergangenheit, von denen ein großer Teil bleiben und in den folgenden Jahren eingebürgert werden wird. Für ihre Verstrickungen in das NS-Regime und Beteiligungen an Kriegsverbrechen müssen sich nur sehr wenige »Paperclipper« rechtfertigen, nachdem Details über ihre Vergangenheit an die Öffentlichkeit dringen.[287]

Die Aufregung um Mayers Berufung an die Cornell University ebbt bald wieder ab, als bekannt wird, dass er als Gegner des NS-Regimes fast zwei Jahre lang in KZ-Haft verbracht hat. Bis alle bürokratischen Hürden überwunden sind und er die Stelle antreten kann, dauert es aber noch Monate. Ende Dezember 1947 schickt die Universität schließlich eine Presseaussendung aus, die auch die *New York Times* übernimmt: »Dr. Hans F. Mayer, ein deutscher Wissenschaftler, der wegen seiner Opposition zum Hitler-Regime zwei Jahre in einem Konzentrationslager verbrachte, wurde zum Professor für Elektrotechnik an der Cornell University ernannt.«[288]

286 Crim 2018, S. 111

287 Vgl. ebenda, S. 1–16

288 The New York Times, 22.12.1947, Dr. Mayer to Teach at Cornell. Online verfügbar unter https://timesmachine.nytimes.com/timesmachine/1947/12/22/88788223.html?pageNumber=25, zuletzt geprüft am 13.6.2021

Im Januar 1948 übersiedelt Mayer nach Ithaca und bereitet eine Vorlesung zum Thema »Radar and Radar Signal Processing« vor. Sie stößt bald nicht nur bei Elektrotechnikern, sondern auch bei Radio-astronomen an der Universität auf Interesse – was Mayer dazu bringt, sich selbst verstärkt mit der Beobachtung des Weltraums mittels Radio-wellen zu befassen. Den Sommer 1948 kann er als Gastforscher an den Bell Laboratories in New Jersey verbringen und nicht nur Einblicke in neueste Entwicklungen der Nachrichtentechnik wie die Puls-Code-Modulation gewinnen, sondern auch seinen 1901 in die USA ausge-wanderten Bruder Wilhelm sehen, der keine 150 Kilometer entfernt in Yonkers im Bundesstaat New York lebt.[289]

Familiären Anschluss wird es aber bald auch in Ithaca geben. Im Lauf des Jahres erhält Mayer endlich die Genehmigung, seine Familie doch in die USA nachzuholen. Nicht nur auf die behördliche Erlaubnis hat er lange warten müssen, auch die Zustimmung seiner Frau, Deutschland zu verlassen und einen Neustart in den USA zu wagen, bedurfte einiger Überredungskunst. Ende Januar 1949 kommt Betty Mayer mit den beiden jüngeren Söhnen Peter und Wilhelm-Dietrich schließlich in Ithaca an – mit dem Plan, zu bleiben: Hans Ferdinand stellt einen Antrag auf »Permanent Residency«, der nächste Schritt auf dem Weg zur US-Staatsbürgerschaft. Da er nach wie vor dem »Project Paperclip« zugeordnet wird, löst der Antrag eine Überprüfung seiner Person durch das Federal Bureau of Investigation (FBI) aus: Seine Ver-gangenheit im Krieg ist zwar schon vor der Rekrutierung in Deutsch-land durchleuchtet worden, nun werden aber auch seine Kontakte zu deutschen Einwanderern in den USA abgeklopft und seine politische Einstellung analysiert. Das Ergebnis fällt aus Sicht des FBI positiv aus: Mayer wird als ehrlich, selbstbewusst und, was für die Behörden wohl am wesentlichsten ist, als Anti-Nazi und Antikommunist eingestuft.[290] Dass er im Krieg nicht nur KZ-Häftling war, sondern als Autor des

289 Vgl. Johnson 2017, S. 206
290 Vgl. Hagenauer, Pabst 2014, S. 38

Oslo-Reports auch wichtige Informationen an Großbritannien weitergegeben hat, weiß indes immer noch niemand – nicht einmal seine Frau Betty.

Abschied von Amerika

Während sich Hans Ferdinand Mayer an die Vorbereitung seiner nächsten Lehrveranstaltungen an der Cornell University macht, sich in die Radioastronomie vertieft und mit Fachkollegen an den Bell Labs austauscht, ist das neue Leben in den USA für seine Frau Betty ungemein schwierig. Anders als ihr Mann kennt sie hier niemanden, spricht kaum Englisch und hat außerdem mit gesundheitlichen Problemen zu kämpfen. Wie unglücklich sie ist, wird immer offensichtlicher. Dazu kommt eine weitere Sorge, die den Enthusiasmus über die Auswanderung trübt: die unklare finanzielle Zukunft der Familie. Mayers Einkommen an der Universität ist nicht schlecht, aber sein Vertrag läuft nur bis zum Frühjahr 1950. Ob er dann eine unbefristete Anstellung erhalten wird, ist ungewiss. Mayer, der im Oktober seinen 55. Geburtstag feiern wird, setzt die Unsicherheit zu.

Als sich dann im September 1949 Hermann von Siemens um Mayers Rückkehr in das deutsche Unternehmen bemüht, spricht aus Sicht der Familie vieles dafür, den USA wieder den Rücken zu kehren. Betty wäre lieber in Deutschland und Hans Ferdinand steht ein verlockendes Angebot seines früheren Arbeitgebers offen: Er könnte die Forschung und Entwicklung bei Siemens leiten und hätte zudem die Aussicht, in den Folgejahren in den Vorstand des Konzerns einzutreten, der seinen Sitz inzwischen nach Bayern verlegt hat. Leicht fällt es Hans Ferdinand Mayer nicht, das wissenschaftlich anregende Umfeld zu verlassen, in dem er sich inzwischen einen Namen gemacht hat. Doch als die Cornell University im April 1950 seinen Vertrag schließlich entfristet, ist die Entscheidung schon gefallen. Im Juni verlässt Mayer die Universität und trifft wenige Wochen später, nach mehr als vier Jahren in den USA, wieder in Deutschland ein.[291]

Der Verlust der Unternehmenswerke in der sowjetischen Besatzungszone und die Teilung Berlins haben den Siemens-Konzern dazu bewogen, seinen Hauptstandort zu verlegen. Die Konzernzentrale befindet sich nun in München – ein Vorort der bayerischen Hauptstadt wird auch das neue Zuhause der Familie Mayer. Die Westmächte haben inzwischen viele Beschränkungen für die westdeutsche Industrie wieder aufgehoben, die Produktion bei Siemens im kommerziellen Sektor nimmt volle Fahrt auf. Professor Mayer, wie Hans Ferdinand nach seiner Tätigkeit an der Cornell University nun auch in Deutschland angesprochen wird, soll sich um den Wiederaufbau der nachrichtentechnischen Forschung bei Siemens & Halske kümmern, die mit dem Aufkommen neuer Informationstechnologien rasant an Bedeutung gewinnt. Unter Mayers Leitung soll ein neues Zentrallabor in München errichtet werden. Daneben arbeitet er an Patenten und einer Publikation über die Puls-Code-Modulation, mit der er sich bei seinen Aufenthalten an den Bell Laboratories beschäftigt hat. Unter dem Titel *Prinzipien der Puls-Code-Modulation* legt er das erste deutschsprachige Buch über diese Technik vor, mit der analoge Signale in binäre Daten umgewandelt werden können – eine wichtige Grundlage für das digitale Zeitalter.[292]

1953 wird Mayer stellvertretendes Siemens-Vorstandsmitglied und rückt damit in die Führungsebene des Unternehmens auf, in dem er zehn Jahre zuvor von Kollegen denunziert und von der Gestapo verhaftet worden ist. In seiner neuen Position erhält Mayer nicht nur einen Dienstwagen mit Chauffeur, sondern kann auch wieder Reisen ins Ausland unternehmen und, wie vor dem Krieg, an internationalen Fachtagungen teilnehmen. 1953 reist Mayer wieder in die USA, wo er unter anderem seinem Bruder und seinen früheren Kollegen an der Cornell University Besuche abstattet. Im selben Jahr verbringt

---

291 Vgl. ebenda
292 Vgl. Mayer 1952 sowie Mayer 1954

auch ein Physiker und ehemaliger britischer Geheimdienstoffizier mehrere Wochen in den Vereinigten Staaten: R. V. Jones, auf dessen Schreibtisch 1939 der Oslo-Report gelandet ist und der bisher nichts über dessen anonymen Verfasser herausfinden konnte. Die beiden Männer haben noch nie etwas voneinander gehört und begegnen einander auch nicht. Durch Zufall lernt Jones auf der Rückfahrt nach Europa aber einen alten Bekannten von Mayer kennen: Henry Cobden Turner.

»The Oslo Person«

Turner hat geschäftlich in den USA zu tun gehabt, Ende Juni 1953 reist er mit dem Passagierschiff »Queen Mary« von New York wieder zurück nach England. Im Bordrestaurant findet er sich eines Abends in einer Runde am selben Tisch wie Jones wieder. Der Elektroingenieur und der Physiker haben einander viel zu erzählen. Auf den Krieg kommen sie in der ausgelassenen Abendgesellschaft nicht zu sprechen und Jones outet sich auch nicht als ehemaliger Mitarbeiter des Geheimdienstes. Die beiden tauschen aber Adressen aus und vereinbaren, sich in London wieder einmal zu treffen.[293]

Im Dezember organisiert Jones ein Abendessen mit mehreren Gästen im elitären Londoner Athenæum Club, in dem er seit 1952 Mitglied ist. Auch Turner ist eingeladen. Mit am Tisch sitzt der Germanist Frederick Norman, der im Krieg in Bletchley Park für den Geheimdienst gearbeitet hat und Jones 1939 bei der Übersetzung und Interpretation von Hitlers vermeintlicher »Geheimwaffen-Rede« in Danzig behilflich war. Bald kreist das Gespräch um Deutschland und Turner erzählt von einem deutschen Freund und Nazi-Gegner, den er vor dem

---

293 Die Menükarte der »Queen Mary«, auf der Jones, Turner und die anderen Teilnehmer der Dinnerparty ihre Adressen vermerken, findet sich im Nachlass R. V. Jones, Churchill Archives Centre, RVJO B456

Krieg mehrfach in Berlin besucht habe. Der Freund habe ihm sogar kurz nach Kriegsausbruch aus Oslo geschrieben und vorgeschlagen, über einen Kontakt in Dänemark Informationen auszutauschen – daraus sei dann aber nichts geworden. Jones traut seinen Ohren nicht: Ein Deutscher, der Ende 1939 konspirative Briefe aus Oslo verschickt hat? Der, wie Turner auf Nachfrage erzählt, Physiker und Elektrotechniker ist und das Forschungslabor bei Siemens & Halske geleitet hat? Könnte dieser Mann, Hans Ferdinand Mayer, den Oslo-Report geschrieben haben? Es ist kaum zu glauben, dass sich da ausgerechnet beim Abendessen in seinem Club in London eine Spur zum gesuchten Autor aufzutun scheint. Aber ist es ausgeschlossen?[294]

Bis zu diesem Zeitpunkt hat auch Turner nichts vom Oslo-Report gewusst. Von Jones' öffentlicher Erwähnung des Berichts 1947 und den Presseberichten darüber hat er ebenso wenig mitbekommen wie Mayer. Schnell kontaktiert Turner seinen deutschen Freund. Es ist der Beginn einer langjährigen Korrespondenz der drei Männer – Turner, Jones und Mayer –, in der sich Letzterer nicht nur zum Oslo-Report bekennt, sondern auch Beweise für seine Autorenschaft vorlegt. Er übermittelt die genauen Daten seiner folgenreichen Reise 1939, berichtet von den Umständen der Sendung und nennt inhaltliche Details, die Jones nie veröffentlicht hat: Sie können nur dem Autor und den Empfängern des Berichts bekannt sein. »Ich war überzeugt«, schreibt Jones viele Jahre später, »eigentlich war ich mehr als überzeugt: Ich war begeistert.«[295]

Mayer und Jones sind sich darüber einig, dass die Öffentlichkeit zumindest vorerst nicht erfahren soll, wer hinter dem Bericht steht. Mayer will auch seine Familie weiterhin nicht einweihen, die in Deutschland von Nationalsozialisten – ehemaligen, versteckten und auch bekennenden – umgeben ist. Mit Respekt oder gar Anerkennung können Widerstandskämpfer gegen das NS-Regime im Deutschland der 1950er-Jahre

---

294 Vgl. Jones 1990, S. 296 ff.
295 Ebenda, S. 298

nicht rechnen, mit Anfeindungen schon eher. Die Enthüllung, dass Mayer militärische und rüstungsrelevante Geheimnisse an Großbritannien weitergegeben hat, würde ihn zweifellos in den Augen vieler als Verräter brandmarken. Jones ist überaus besorgt um die Sicherheit der Mayers. Er bemüht sich deshalb 1954 über seine Geheimdienst- und Regierungskontakte in London nicht nur um Anerkennung für Mayer hinter den Kulissen, sondern auch um einen Notfallplan: Sollte es für die Familie in Deutschland unangenehm oder sogar gefährlich werden, würde man sofort helfen, versichert ihm der Chef des MI6.[296] Jones ersucht auch Winston Churchill, der seit 1951 wieder Premierminister ist, um einen Termin, um ihm »die ganze Geschichte des Oslo-Reports« zu erzählen.[297]

Mayer fürchtet auch berufliche Nachteile, sollte sein Name im Zusammenhang mit dem Geheimbericht genannt werden. Er bewegt sich weitgehend im selben Umfeld wie vor seiner Verhaftung und ist wieder bei einem Unternehmen tätig, das selbst von Zwangsarbeit und Ausbeutung von KZ-Häftlingen massiv profitiert hat. Führungskräfte von Siemens, die in das NS-Regime verstrickt waren, sind zum Teil weiterhin in hohen Positionen. Wie würde man ihm gegenüberstehen, wenn rauskäme, dass er im Krieg Geheimnisse verraten hat, an die er nur durch seine Arbeit für den Konzern gelangen konnte?[298]

Zur Sicherheit kommunizieren Mayer und Jones über Turner, der nun doch noch zu einem postalischen Mittelsmann wird. Auf eine volle Namensnennung Mayers wird in den Briefen verzichtet: Turner und Jones nennen ihn den »gemeinsamen Freund« oder »unseren deutschen Freund«, Mayer selbst unterzeichnet mehrfach als »The

---

296 Vgl. Brief von R. V. Jones an Henry Cobden Turner 10.4.1967, Nachlass R. V. Jones, Churchill Archives Centre, RVJO B429

297 Brief von R. V. Jones an Winston Churchill. 15.9.1954, Nachlass R. V. Jones, Churchill Archives Centre, RVJO B410

298 Vgl. Hagenauer, Pabst 2014, S. 89

Oslo Person«.[299] Jones, dessen Vorsicht zweifellos durch seine Jahre im Geheimdienst geschult ist, will Mayer auch nicht ohne gründliche Vorbereitungen treffen. Eine Begegnung der beiden Hauptprotagonisten des Oslo-Reports soll nur unter scheinbar zufälligen, unverdächtigen Umständen stattfinden. 1955 bietet sich eine günstige Gelegenheit dafür.

Anfang Juni des Jahres findet im Deutschen Museum in München die »Flug-, Wetter- und Astro-Funkortung Fachtagung« statt, zu der mehr als 1500 internationale Teilnehmer aus Wissenschaft, Militär und Industrie erwartet werden. Ein großer Themenkomplex der Tagung soll die Entwicklung der Radartechnik im Zweiten Weltkrieg sein. R. V. Jones, der inzwischen viele seiner ehemaligen deutschen Gegenspieler im tödlichen Wettstreit um die Radarnutzung persönlich kennengelernt hat, ist als Ehrengast geladen und soll einen Festvortrag halten. Nicht nur Jones' Name steht im Konferenzprogramm: Auch Hans Ferdinand Mayer ist mit einem Vortrag unter dem Titel »Die Sonne als Objekt der Radioastronomie« vertreten. Henry Cobden Turner ist als Besucher angemeldet und stellt die beiden einander auf der Tagung vor – als wäre es eine Zufallsbegegnung.

Für den Abend ist ein Treffen im privaten Rahmen organisiert, bei dem sich der 43-jährige Jones und der um fast 16 Jahre ältere Mayer endlich offen austauschen können. Mayer erzählt von seiner wachsenden Ablehnung des NS-Regimes und von Martyl Karweik, die dank Turner aus Deutschland emigrieren konnte. Inzwischen lebt sie, wie ihre Mutter Else, in den USA. Er berichtet von seinen Überlegungen, wie er sein technisches Wissen über deutsche Rüstungsprojekte mit britischen Stellen teilen könnte, von seinem ersten Brief an die US-Botschaft und schließlich von der Dienstreise nach Norwegen im November 1939. Jones kann die Geschichte aus der anderen Perspektive beleuchten und Mayer erfährt nun endlich im Detail, dass sein Bericht tatsächlich ge-

---

299 Vgl. Jones 1990, S. 315 ff., sowie das Dokument »How Harry Cobden Turner was involved in the Oslo Letters« vom 18.7.1947, Nachlass R. V. Jones, Churchill Archives Centre, RVJO B429

nutzt worden und vor allem während der deutschen Luftangriffe auf
England eine wichtige Informationsquelle gewesen ist. Es wird ein
langer Abend.[300]

November 1989

Die beiden werden einander nicht wiedersehen, bleiben aber über
Turner in Kontakt. Mayer kann indes weitere berufliche Erfolge ver-
buchen. Noch 1955 wird das unter seiner Leitung aufgebaute neue Zentrallabor in München eröffnet. Als Entwicklungschef ist er nicht nur in
wesentliche Entscheidungen über die Ausrichtung involviert, sondern
entwickelt auch selbst einige neue Patente – vierzehn werden es zwischen 1950 und 1962 insgesamt sein. Für seine Arbeit wird er nun auch
mit zahlreichen Auszeichnungen und Ehrungen bedacht: Auf die Verleihung der Ehrenmedaille seiner Geburtsstadt Pforzheim 1955 folgen
etwa 1956 die Ehrendoktorwürde der TH Stuttgart und 1957 die Ehrenmedaille der Universität Heidelberg. Später wird er unter anderem auch
mit der Gauß-Weber-Medaille der Universität Göttingen, der Ehrenmedaille der Max-Planck-Gesellschaft und dem Ehrenring des Verbands
Deutscher Elektroingenieure ausgezeichnet.[301]

1958 wird Mayer schließlich zum ordentlichen Vorstandsmitglied
ernannt und bleibt noch vier Jahre im Unternehmen tätig. Kurz vor
seinem 67. Geburtstag im Oktober 1962 geht er in Ruhestand, zwei
Jahre später als üblich: Aufgrund seiner KZ-Haft wird ihm ein hö-
heres Ruhestandsalter gewährt. Bei seiner festlichen Verabschiedung
werden Mayers Verhaftung bei Siemens & Halske und seine Odyssee
in vier Konzentrationslagern aber nur in einem lapidaren Nebensatz
erwähnt. Die NS-Vergangenheit ist kein Kapitel, mit dem man sich

---

300 Vgl. Jones 1990, 315 ff.
301 Vgl. Hagenauer, Pabst 2014, S. 39

im Konzern beschäftigen will. Bis die Aufarbeitung der Ausbeutung von KZ-Häftlingen durch Siemens beginnt, wird es noch mehr als drei Jahrzehnte dauern.[302]

R. V. Jones spielt mit dem Gedanken, eine Autobiografie zu schreiben. Das Interesse an seiner Tätigkeit im Krieg ist enorm, wie die mediale Rezeption seiner Vorträge und die vielen Einladungen zeigen, die er erhält. Bis Jones seine Geschichte aber in größerem Umfang erzählen kann, wird es noch dauern: Seine geheimdienstliche Arbeit wird großteils nach wie vor von den Behörden unter Verschluss gehalten. Erst als in den 1970er-Jahren eine breite Öffentlichkeit von britischen Geheimoperationen wie »Ultra« erfährt, durch welche die Entschlüsselung des deutschen Enigma-Codes und damit das Abhören des Nachrichtenverkehrs der Wehrmacht gelungen ist, ändert sich die Lage.[303] Jones erhält nun die Genehmigung, ein Buch über seine Arbeit und den Aufbau der ersten wissenschaftlichen Abteilung im Secret Intelligence Service zu schreiben. Auch dem Oslo-Report will er ein Kapitel widmen, doch an seiner Sorge hat sich nichts geändert: Jones hält es immer noch für zu riskant, den Namen des Autors zu nennen.

Inzwischen sind jedoch schon mehrere Publikationen über den Oslo-Report erschienen, die den Verfasser aufgedeckt haben wollen *(siehe Kapitel 5: Falsche Fährten)* – zum Ärger von Hans Ferdinand Mayer. Er will sich weiterhin nicht als Autor deklarieren, aber die falschen Zuschreibungen, die in der deutschen Presse Wellen schlagen, setzen ihm zu. In den 1970er-Jahren weiht er erstmals zwei Familienmitglieder ein. Er gibt seinem Sohn Peter eine Ausgabe von *Das Geheimnis von Huntsville* zu lesen, jenes 1963 erschienenen Buchs des Stasi-Offiziers Julius Mader, das den kommunistischen Widerstandskämpfer Hansheinrich Kummerow als Quelle des Oslo-Reports benennt. Peter Mayer erzählt die Geschichte später so: »Als ich es ihm zurückgab, hatte ich einen plötzlichen Einfall und sagte ihm auf den Kopf zu: ›Du hast den Oslo-

---

302 Vgl. Johnson 2017, S. 4 ff.

303 Bekannt wurde die Operation »Ultra« durch die Veröffentlichung des britischen Offiziers Frederick Winterbotham, vgl. Winterbotham 1974

Report geschrieben!‹ Mein Vater lachte und sagte nur: ›Ja!‹«[304] Auch Betty Mayer erfährt endlich die vollständige Geschichte der Dienstreise ihres Mannes im November 1939.

1978 erscheint Jones' autobiografisches Buch *Most Secret War – British Scientific Intelligence 1939–1945*. Das Interesse daran ist enorm, schon vor der Veröffentlichung ist es von der BBC als siebenteilige TV-Dokumentation adaptiert worden – mit Jones in der Hauptrolle. Der Erfolg festigt seinen Status als »Vater des wissenschaftlichen Geheimdienstes«, den er bis an sein Lebensende genießen wird. Der Oslo-Report erhält im Buch einen prominenten Platz und Jones deutet an, den Autor zu kennen. Die Auflösung müsse aber noch auf den richtigen Zeitpunkt warten.[305]

Henry Cobden Turner erlebt die Bucherscheinung nicht mehr, er hat sich nach einem Herzinfarkt 1970 nicht wieder erholt und ist bald darauf gestorben. Der Kontakt zwischen Mayer und Jones ist ohne den Mittelsmann in Manchester für mehrere Jahre abgerissen – bis Jones Ende der 1970er-Jahre direkt an Mayer nach Deutschland schreibt und ihm eine Ausgabe seines Buchs schickt. Mayer, inzwischen 83 Jahre alt, ist gesundheitlich in schlechter Verfassung. Sein Sohn Peter übernimmt die Korrespondenz mit Jones.[306]

Am 16. Oktober 1980, genau eine Woche vor seinem 85. Geburtstag, stirbt Prof. Dr. phil. nat. Dr.-Ing. E. h. Hans Ferdinand Mayer.[307] Der hochgeehrte Physiker und Ingenieur hinterlässt ein umfangreiches Lebenswerk: Mehr als 50 wissenschaftliche Publikationen und 94 erfolgreiche Patentanmeldungen hat er in seiner langen Karriere vorgelegt und damit zu wesentlichen Fortschritten in der Nachrichtentechnik beigetragen. Ein kurzer Nachruf, den die Siemens AG in der *Süddeutschen Zeitung* drucken lässt, würdigt Mayers wissenschaftliche

---

304 Bode, Thilo (1989): The Oslo Person; Die Enttarnung eines der letzten Geheimnisse des Zweiten Weltkriegs. In: Süddeutsche Zeitung, 16./17.12.1989

305 Vgl. Jones 2009, S. 71

306 Vgl. Brief von Peter Mayer an R. V. Jones 4.8.1978, Nachlass R. V. Jones, Churchill Archives Centre, RJVO B432

307 Vgl. Todesnachricht H. F. Mayer, in: Süddeutsche Zeitung, 18./19.10.1980, S. 40

Leistungen und beruflichen Erfolge und zählt ihn »von 1922 bis zu seinem Übertritt in den Ruhestand 1962« zu »unserem Haus«.[308] Die fast zweijährige Unterbrechung durch die KZ-Haft bleibt unerwähnt, auf eine nicht ganz so geradlinige Laufbahn im Unternehmen deutet lediglich der Hinweis auf Mayers »Gastprofessur [sic]« an der Cornell University hin.[309]

Nur drei Menschen kennen zu diesem Zeitpunkt die ganze Geschichte und wissen, dass Mayer den Oslo-Report geschrieben hat, um zum Ende der NS-Herrschaft beizutragen. Betty und Peter Mayer sowie R. V. Jones werden in den Folgejahren in Kontakt bleiben und sich immer wieder darüber austauschen. Jones plant ein weiteres Buch und hofft, diesmal Mayers Autorenschaft enthüllen und damit allen falschen Annahmen und Spekulationen ein Ende setzen zu können. Betty Mayer ist unsicher, ob sie der Veröffentlichung zustimmen soll, entscheidet sich aber letztlich dafür. Peter Mayer, der stolz auf den Widerstand seines Vaters ist, unterstützt Jones bei Recherchen in Deutschland und stellt Dokumente zur Verfügung.[310]

Im Januar 1987 besucht Jones Betty und Peter Mayer in München und berichtet von den Fortschritten an seinem Buch. Wieder benötigt er eine Genehmigung der britischen Behörden für die Publikation, er rechnet damit, dass die Veröffentlichung in ein bis zwei Jahren erfolgen kann. Jones bringt aber auch unerfreuliche Neuigkeiten mit: Gerade ist Arnold Kramishs Buch *The Griffin* erschienen, in dem der US-amerikanische Physiker den Oslo-Report trotz Jones' vehementem Einspruch Paul Rosbaud zuschreibt.[311]

Noch ehe Jones die Geschichte des Oslo-Reports richtigstellen

---

308 Nachruf »Herr Professor Dr. phil. nat. Dr.-Ing. E. h. Hans Ferdinand Mayer«, in: Süddeutsche Zeitung, 18./19.10.1980, S. 40

309 Ebenda

310 Vgl. Brief von Peter Mayer an R. V. Jones 18.5.1985, Nachlass R. V. Jones, Churchill Archives Centre, RJVO B432, sowie Brief von Peter Mayer an R. V. Jones vom 20.4.1987, Nachlass R. V. Jones, Churchill Archives Centre, RJVO B434

311 Vgl. Brief von R. V. Jones an Peter Mayer vom 5.12.1986, Nachlass R. V. Jones, Churchill Archives Centre, RJVO B432

kann, stirbt Betty Mayer im März 1989 im Alter von 86 Jahren. Jones kondoliert Peter Mayer und schickt ihm nicht nur ein Foto, das er von Betty bei seinem Besuch 1987 aufgenommen hat, sondern auch das fertige Manuskript seines neuen Buchs mit der Bitte um Anmerkungen zum biografischen Teil über Hans Ferdinand Mayer. Der Erscheinungstermin steht bereits fest: *Reflections on Intelligence* soll noch im Herbst herauskommen – passend zum 50. Jahrestag der Entstehung des Oslo-Reports.[312]

Als das Buch im November 1989 erscheint und Hans Ferdinand Mayer endlich als Autor des Geheimberichts genannt wird, blickt die Weltöffentlichkeit gebannt nach Deutschland – aus einem ganz anderen Grund: Mit dem Fall der Berliner Mauer beginnt ein neues historisches Kapitel. Von Jones' Veröffentlichung nimmt in diesen turbulenten Zeiten kaum jemand Notiz.

312 Vgl. Brief von R. V. Jones an Peter Mayer 14.11.1988, Nachlass R. V. Jones, Churchill Archives Centre, RJVO B435

Epilog:
Unpolitische Wissenschaft?

Die ausbleibende Aufmerksamkeit enttäuschte R. V. Jones, der die Veröffentlichung aus Sorge um Mayer und seine Familie so lange aufgeschoben hatte. Die fehlende Anerkennung für den Autor des Oslo-Reports verbitterte ihn. In der britischen Presse ging die Geschichte angesichts der politischen Ereignisse völlig unter, in Deutschland griff sie – auf Anregung von Peter Mayer – nur die *Süddeutsche Zeitung* auf. Bei Siemens sorgte der Artikel mit dem Titel »The Oslo Person«[313] für wenig Freude, offenbar schämte man sich noch Anfang der 1990er-Jahre dafür, einen »Verräter« in hoher Position im Unternehmen gehabt zu haben. Dementsprechend wurde Mayers Widerstand bei Siemens auch in den Folgejahren verschwiegen – selbst in Porträts über ihn: Als ihm 1994 in der Unternehmenspublikation *Pioniere der Wissenschaft bei Siemens* ein Eintrag gewidmet wurde, verzichtete man darauf, den Oslo-Report zu erwähnen. Auch in der umfangreichen Firmengeschichte *Siemens 1918–1945* des Historikers Wilfried Feldenkirchen, die 1995 erschien, sucht man vergeblich danach.

---

313 Bode, Thilo (1989): The Oslo Person; Die Enttarnung eines der letzten Geheimnisse des Zweiten Weltkriegs. In: Süddeutsche Zeitung, 16./17.12.1989

Mayer selbst hatte sich nach seiner Rückkehr aus den USA wieder mit seinem alten Umfeld und einem Land arrangiert, das es vorzog, die Verbrechen des Nationalsozialismus und die tiefen Verstrickungen von Wirtschaft und Gesellschaft in das NS-Regime ad acta zu legen oder zu leugnen, anstatt Verantwortung dafür zu übernehmen. Er schwieg jahrzehntelang über seine Vergangenheit und bemühte sich nicht um Anerkennung – auch seine Familie erfuhr die Geschichte des Oslo-Reports erst wenige Jahre vor seinem Tod.

Wie er sich selbst sah, gab Mayer kurz nach Ende seiner KZ-Haft im Juni 1945 zu Protokoll: »Als Wissenschaftler und Ingenieur ist meine Grundeinstellung unpolitisch gewesen; ich gehörte nie einer Partei an. Als rechtlich denkender Mensch empörten mich die Untaten des Nationalsozialismus in immer steigendem Maße, insbesondere die Behandlung der Judenfrage, das Brechen von Staatsverträgen, dann im Krieg die rücksichtslose Unterdrückung aller Lebensrechte in den besetzten Ländern und in Deutschland selbst. Ich hasste Hitler schließlich so sehr, dass ich ihn ermordet hätte, wenn ich dazu die Gelegenheit gehabt hätte.«[314] Seine Lebensgeschichte lädt dazu ein, ihm in einem Punkt zu widersprechen: Ein unpolitischer Wissenschaftler war Hans Ferdinand Mayer nicht.

Der Mythos, dass Wissenschaft unpolitisch sei, wird gerade in Kriegszeiten entlarvt. Besonders erschütternde Beispiele dafür sind der Einsatz von Giftgas unter dem Regiment des deutschen Chemikers und Nobelpreisträgers Fritz Haber im Ersten Weltkrieg oder der Abwurf der Atombomben im August 1945 über Hiroshima und Nagasaki, die im Rahmen des US-amerikanischen »Manhattan-Projekts« entwickelt worden sind. Nach dem Ersten Weltkrieg, in dem die Chemie durch den Einsatz von Giftgas und die Entwicklung von Sprengstoffen eine allzu unrühmliche Rolle gespielt hat, war es nur verständlich, dass vor allem deutsche Forscher großen Wert auf die Betonung einer unpolitischen Wissenschaft legten. Die Physikerin

---

314 Zitiert nach Hagenauer, Pabst 2014, S. 76

Lise Meitner vertrat diese Position ebenso wie der Chemiker Otto Hahn – oder eben der Physiker und Ingenieur Hans Ferdinand Mayer. In der Nachbetrachtung des Zweiten Weltkriegs erscheint dieses Bekenntnis mehr als zweifelhaft, zumal von Persönlichkeiten geäußert, deren Arbeit unmittelbaren Einfluss auf das Kriegsgeschehen nehmen sollte.

Während der Chemie im Ersten Weltkrieg eine große Rolle zukam, verlor die Physik gewissermaßen im Zweiten Weltkrieg ihre Unschuld. Im Zentrum der Aufmerksamkeit steht dabei bis heute vor allem die militärische Anwendung der von Hahn, Straßmann, Meitner und Frisch entdeckten Kernspaltung, die schließlich zum Bau der Atombombe führte. Folgenreich und zum Teil bedeutsamer für den Krieg waren aber andere Technologien, die auf die Physik zurückgehen, mit denen Hans Ferdinand Mayer durch seine Arbeit bei Siemens zu tun hatte: Nachrichtentechnik, Raketen und vor allem Radar. Während Haber und Kollegen mit der Entwicklung tödlicher Substanzen befasst waren, standen Fragen der Visualisierung, von Sehen und Gesehen-Werden, im Zentrum der Radarforschung. Dass Mayers Verrat von Informationen über diese wertvolle Technologie und andere Rüstungsgeheimnisse von der Gestapo unbemerkt blieb, er aber für das Hören des britischen Radiosenders BBC im KZ landete, ist bezeichnend.

Wie für viele andere, die im Verborgenen gegen die NS-Herrschaft arbeiteten, war auch für Mayer ungewiss, ob er das Ende des Regimes je erleben würde. Dass ausgerechnet Interventionen von prominenten Nationalsozialisten wie seinem Doktorvater Philipp Lenard, der vom wahren Ausmaß seines Widerstands nichts ahnte, zu seinem Überleben beitrugen, ist eine tröstende Ironie der Geschichte. Zu Kriegsende muss Mayer von einem ähnlichen Gefühl erfüllt gewesen sein wie Paul Rosbaud, der irrtümlich für den Autor des Oslo-Reports gehalten wurde, aber ebenfalls wichtige Geheiminformationen an die Alliierten weitergegeben hatte. Nach der Befreiung triumphierte er: »Ich existiere und diejenigen, die uns alle vernichten wollten, sind für immer verschwunden. Ich hatte in den letzten Monaten nicht mehr viel Hoffnung, das Ende selbst zu überleben, aber ich wusste, woran ich nie gezweifelt habe, dass die Tage der Tyrannei gezählt sind, und so nahm ich das persönliche Schicksal nicht zu schwer.«[315]

---

315 Brief von Rosbaud an Meitner 25. 10. 1945, Churchill Archives Centre, MTNR 5/15

Dank

Viele Menschen sind mit der Entstehung dieses Buchs verbunden, ohne ihre Hinweise, ihre Unterstützung und ihr Wohlwollen wäre die Veröffentlichung nicht möglich gewesen. Mein besonderer Dank gilt

Don H. Johnson und *Joachim Hagenauer* für anregende Gespräche und nützliche Hinweise

Allen Packwood und dem Team des Churchill Archives Centre in Cambridge für ihre Geduld und fachkundige Hilfe

Ebbe Jensen und *Pernille Christiansen* für die Gastfreundschaft und interessante Ausflüge in die Geschichte des Hotel Bristol in Oslo

Chris und *Stephen Sarfaty* für den freundlichen Austausch und Auskünfte über die Lebensgeschichte ihrer Mutter *Claudia Martyl Sisson*, geb. *Martyl Karweik*

den Mitarbeiterinnen und Mitarbeitern der Arolsen Archives, der Archive der KZ-Gedenkstätten Dachau und Mauthausen, der British National Archives in Kew, des Imperial War Museum in London, des Siemens-Archivs und des Text-Archivs der *Süddeutschen Zeitung*

Claudia Romeder vom *Residenz Verlag* für die gute Zusammenarbeit

Marie-Therese Pitner für das sorgsame Lektorat

Inge Traxler für den besten Arbeitsplatz

und

Tanja Traxler – für alles

193

Anhang

Der »Oslo-Report«[316]

1. Ju 88 Programm. Ju 88 ist ein zweimotoriger Langstreckenbomber und hat den Vorteil, dass er auch als Sturzbomber verwendet werden kann. Es werden im Monat mehrere Tausend, wahrscheinlich 5000 hergestellt. Bis April 40 sollen 25000–30000 Bomber allein von dieser Sorte fertiggestellt sein.

2. Franken. Im Hafen von Kiel liegt das erste deutsche Flugzeugmutterschiff. Es soll bis April 40 fertiggestellt sein und heißt »Franken«.

3. Ferngesteuerte Gleiter. Die Kriegsmarine entwickelt ferngesteuerte Gleiter, d. s. kleine Flugzeuge von etwa 3 m Spannweite und 3 m Länge, die eine große Sprengladung tragen. Sie haben keinen motorischen Antrieb und werden von einem Flugzeug aus großer Höhe abgeworfen.

---

316 Der von Hans F. Mayer verfasste Oslo-Report, bestehend aus zwei Briefen vom 1. und 2. November 1939, ist im Original nicht erhalten. Zeitgenössische Abschriften und Übersetzungen des Originaldokuments (ohne die im Text erwähnten technischen Zeichnungen) befinden sich im Public Record Office der British National Archives in Kew sowie im Imperial War Museum in London. Der hier abgedruckte Text gibt die Abschrift im Public Record Office vollständig wieder (vgl. UK Public Records Office, PRO, Air Ministry, AIR/40/2572), die am 4. und 6. November 1939 angefertigt wurde. Tipp- und Grammatikfehler wurden bereinigt.

Sie enthalten

a) einen elektrischen Höhenmesser, ähnlich des Wireless Altimeter (Bell Syst. Tech. J. Jan. 39, p. 222). Dieser bewirkt, dass der Gleiter in etwa 3 m über dem Wasser abgefangen wird. Er fliegt dann horizontal mit Raketenantrieb weiter.

b) eine Fernsteuerung mittels UKW-Wellen in Form von Telegraphiesignalen, durch die der Gleiter nach rechts oder nach links oder gradeaus gesteuert werden kann, z. B. von einem Schiff oder einem Flugzeug aus.

Der Gleiter soll so gegen die Bordwand eines feindlichen Schiffs gelenkt werden und dort soll die Sprengladung abfallen und unter Wasser explodieren.

Die Geheimnummer ist FZ 21 (Ferngesteuertes Zielflugzeug). Die Erprobungsstelle ist in Peenemünde, an der Mündung der Peene, bei Wolgast in der Nähe von Greifswald.

4. Autopilot. Unter der Geheimnummer FZ 10 wird in Diepensee bei Berlin ein Autopilot entwickelt (Ferngest. Flugzeug), der von einem bemannten Flugzeug aus gesteuert werden soll, um z. B. Ballonsperren zu zerstören.

5. Ferngesteuerte Geschosse. Das Heereswaffenamt (HWA) ist die Entwicklungsstelle für das Heer. Diese Stelle befasst sich mit der Entwicklung von Geschossen von 80 cm Kaliber. Es wird hierbei ein Raketenantrieb verwendet, die Stabilisierung erfolgt durch eingebaute Kreisel. Die Schwierigkeiten beim Raketenantrieb bestehen darin, dass das Geschoss nicht gradeaus fliegt, sondern unkontrollierbare Kurven macht. Es hat daher eine drahtlose Fernsteuerung, mit der der Abbrand des Zündsatzes der Rakete gesteuert wird. Diese Entwicklung ist noch in den Anfängen und die 80 cm Geschosse sollen später für die Maginot-Linie eingesetzt werden.

6. Rechlin. Dieses ist ein kleiner Ort am Müritzsee, nördlich Berlin. Dort befinden sich die Laboratorien und Entwicklungsstellen der Luftwaffe. Lohnender Angriffspunkt für Bomber.

7. Angriffsmethode für Bunker. Die Erfahrungen im Feldzug gegen Polen haben gezeigt, dass mit einem gewöhnlichen direkten Angriff gegen Bunker nicht angekommen werden kann. Die polnischen Bunkerstellungen wurden daher durch Gasgranaten vollkommen eingenebelt, wobei die Verneblung wie ein Vorhang immer tiefer in die Bunkerstellungen vorgetragen wurde. Die polnischen Mannschaften wurden so gezwungen, sich in die Bunker zurückzuziehen. Unmittelbar hinter der Verneblungswand rückten deutsche Flammenwerfer vor und nahmen vor den Bunkern Aufstellung. Gegen diese Flammenwerfer erwiesen sich die Bunker als machtlos und die Bunkerbesatzung kam entweder um oder musste sich ergeben.

8. Flieger-Warngerät. Bei dem Angriff der englischen Flieger auf Wilhelmshaven Anfang September wurden die englischen Flugzeuge schon 120 km vor der deutschen Küste festgestellt. An der ganzen deutschen Küste stehen Kurzwellensender mit 20 KW Leistung, die ganz kurze Impulse, von der Dauer 10.5 sec., aussenden. Diese Impulse werden von den Flugzeugen reflektiert. In der Nähe des Senders ist ein drahtloser Empfänger, der auf die gleiche Welle abgestimmt ist. Dort trifft also nach einiger Zeit die vom Flugzeug reflektierte Welle ein und wird mit einem Braunschen Rohr registriert. Aus dem Abstand des Sendeimpulses und des reflektierten Impulses kann man die Entfernung des Flugzeuges ersehen. Da der Sendeimpuls viel stärker ist als der reflektierte Impuls, wird der Empfänger während des Sendeimpulses gesperrt. Der Sendeimpuls wird auf dem Braunschen Rohr durch ein örtliches Zeichen markiert. In Verbindung mit dem Ju 88 Programm werden überall bis zum April 40 solche Sender installiert.

Gegenmaßnahmen. Mittels besonderer Empfänger, die Impulse von der Dauer 10-5–10-6 sec. aufnehmen können, muss man die Wellenlänge der in Deutschland gesendeten Impulse feststellen und dann auf den gleichen Wellenlängen Störimpulse aussenden. Diese Empfänger können an Land stehen, auch die Sender, da die Methode sehr empfindlich ist.

Während diese Methode in großem Umfang eingeführt wird, ist ein anderes Verfahren in Vorbereitung, welches mit 50 cm Wellen arbeitet. Siehe Fig. 1. Der Transmitter T sendet kurze Impulse aus, die mit einem elektrischen Hohlspiegel stark gerichtet sind. Der Receiver R steht unmittelbar neben dem Sender und hat ebenfalls eine Richtantenne. Er empfängt die reflektierten Impulse. T und R sind über eine künstliche Leitung miteinander verbunden, deren Übertragungszeit stetig veränderlich ist. Diese künstliche Leitung hat folgenden Zweck: Der Empfänger ist für gewöhnlich gesperrt und kann keine Impulse empfangen. Der Impuls, der von T drahtlos ausgesendet wird, läuft auch über die künstliche Leitung und macht den Empfänger für eine ganz kurze Zeit wirksam. Wenn die Übertragungszeit der künstlichen Leitung gleich ist der Laufzeit des reflektierten drahtlosen Impulses, kann dieser vom Empfänger auf einem Braunschen Rohr registriert werden. Man kann mit diesem Verfahren sehr genau die Entfernung z. B. eines Flugzeuges messen und es ist sehr unempfindlich gegen Störungen, da der Empfänger immer nur sehr kurze Zeit geöffnet ist.

9. Flieger-Entfernungsmessgerät. Wenn Flieger zum Angriff in ein feindliches Land fliegen, ist es wichtig für sie zu wissen, wie weit sie vom Ausgangsort entfernt sind. Für diesen Zweck wird in Rechlin folgendes Verfahren entwickelt:

Am Ausgangsort steht ein drahtloser Sender (6 m Welle), der mit einer Niederfrequenz f moduliert ist. Das Flugzeug, das in der Entfernung a ist, empfängt die 6 m Welle und erhält nach der Demodulation die Niederfrequenz f. Mit dieser Niederfrequenz moduliert es seinen eigenen Sender, der eine etwas andere Wellenlänge hat. Die so modulierte Welle des Flugzeugs wird am Ausgangsort empfangen und demoduliert. Die so erhaltene Niederfrequenz f wird mit der örtlichen Niederfrequenz f verglichen. Beide unterscheiden sich durch den Phasenwinkel

$$\frac{4\pi f a}{C}$$

(a = Entfernung des Flugzeugs, C = Lichtgeschwindigkeit).

Durch Messung der Phase kann man also die Entfernung des Flugzeugs messen und man kann dem Flugzeug seinen Standort mitteilen. Damit die Messung eindeutig ist, muss der Phasenwinkel gleich 2p sein oder unter 2p bleiben. Man wählt daher eine niedrige Freq. f, z. B. 150 pps, dann ist gerade für 1000 km der Phasenwinkel gleich 2p. Mit einer so tiefen Frequenz erhält man jedoch keine sehr große Genauigkeit. Man sendet daher gleichzeitig eine zweite, höhere Frequenz aus, z. B. 1500 pps und vergleicht auch hiervon den Phasenwinkel. 150 pps also eine Grobmessung, 1500 pps eine Feinmessung.

10. **Torpedos.** Die deutsche Marine hat zwei neue Arten von Torpedos.

a) Man will z. B. Convoys von 10 km Entfernung aus angreifen. Solche Torpedos haben einen drahtlosen Empfänger, der 3 Signale empfangen kann. Mit diesen Signalen kann man von dem Schiff, welches das Torpedo geschossen hat, oder von einem Flugzeug aus, das Torpedo nach links, nach rechts oder gradeaus steuern. Es werden lange Wellen verwendet, die gut in das Wasser eindringen, in der Ordnung von 3-Km-Wellen. Diese sind mit kurzen Tonfrequenzsignalen moduliert, welche die Steuerung des Torpedos veranlassen. Auf diese Weise soll das Torpedo in große Nähe des Convoy gelenkt werden. Um nun ein Schiff wirklich zu treffen, sind am Kopf des Torpedos 2 akustische Empfänger (Mikrofone), welche einen Richtempfänger darstellen. Mit diesem Empfänger wird der Lauf des Torpedos so gesteuert, dass es von selbst auf die akustische Geräuschquelle läuft. Wenn also das Torpedo drahtlos in eine Entfernung von wenigen 100 m von dem Schiff gebracht worden ist, läuft es von selbst auf das Schiff los, da jedes Schiff wegen seiner Maschinen akustische Geräusche macht. Mit akustischen und drahtlosen Störsignalen kann man sich verhältnismäßig leicht dagegen schützen.

b) Die zweite Art von Torpedo ist wahrscheinlich diejenige, mit der die Royal Oak versenkt wurde. Diese treffen nicht die Schiffswand, sondern explodieren unter dem Schiffsboden. Die Auslösung der Zündung erfolgt magnetisch und beruht auf folgendem Prinzip: Fig. 2. Die Vertikalkomponente des magnetischen Erdfelds ist überall ungefähr dieselbe, wird aber durch das Schiff S verändert, sodass bei A und B ein schwächeres Feld, bei C ein stärkeres Feld ist. Ein von Links kommendes Torpedo läuft also erst im normalen Feld, dann im schwächeren Feld usw.

Im Kopf des Torpedos rotiert nach Art eines Erdinduktors eine Spule um eine horizontale Achse. An den Klemmen dieser Spule entsteht hierdurch eine Gleichspannung, die der Vertikalkomponente des magn. Erdfelds proportional ist. In Reihe mit dieser Spannung läuft eine gleichgroße Gegenspannung, sodass kein Strom fließen kann, solange das Torpedo sich im normalen Erdfeld befindet. Kommt jedoch das Torpedo nach A, so ist dort das Erdfeld kleiner und die Spannung an der rotierenden Spule sinkt. Die beiden entgegengesetzten Spannungen sind nicht mehr gleich groß, es fließt ein Strom und betätigt ein Relais, welches die Zündung auslöst. Die Verzögerung ist so gewählt, dass die Explosion grade unter den Schiffsboden erfolgt.

Vielleicht kann man sich gegen solche Torpedos schützen, indem man längs des Schiffes ein Kabel ausspannt, etwa in Höhe des Schiffsbodens und möglichst weit von der Schiffswand entfernt. Wenn man durch dieses Kabel einen passend gewählten Gleichstrom schickt, kann man ebenfalls ein magnetisches Feld erzeugen und den gefährlichen Punkt A weit außerhalb des Schiffs verlegen. Das Torpedo wird dann zu früh explodieren. Vielleicht ist es auch möglich, durch passend gewählte Kompensationsspulen die Verzerrung des magnetischen Erdfelds durch die Riesenmassen des Schiffs zu kompensieren.

11. Elektrische Zünder für Fliegerbomben und Artilleriegeschosse.
In Deutschland geht man von den mechanischen Zündern ab und will dafür elektrische Zünder verwenden. Alle Z. für Fliegerbomben sind schon elektrisch. Fig. 1 zeigt das Prinzip. Wenn die Bombe das Flugzeug verlässt, wird über einen Gleitkontakt der Kondensator C1 aus einer Batterie mit 150 Volt aufgeladen. Dieser lädt über den Widerstand R den Kondensator C2 auf. C2 ist erst geladen, wenn die Bombe in einer un-

gefährlichen Entfernung vom Flugzeug ist. Wenn die Bombe auftrifft, schließt sich ein mechanischer Kontakt K und der Kondensator entlädt sich über die Zündspule Z. Der Vorteil ist, dass die Bombe niemals scharf sein kann, wenn sie am Flugzeug hängt; man kann daher mit Bomben ungefährlich landen.

Fig. 2 zeigt einen elektrischen Zeitzünder. Es ist das gleiche Prinzip, nur ist an Stelle des mechanischen Kontakts eine Glimmlampe G, welche nach einer ganz bestimmten Zeit zündet. Diese Zeit kann durch die Werte der Kondensatoren und Widerstände eingestellt werden.

Die neueste Entwicklung verwendet Glimmlampen mit Gitter, Fig. 3. Wenn man die Batteriespannung so wählt, dass sie etwas unterhalb der Zündspannung liegt und wenn das Gitter isoliert ist, kann man durch Veränderung der Teilkapazitäten C_{12} und C_{23} die Lampe zur Zündung bringen. Es genügen schon außerordentlich kleine Veränderungen der Teilkapazitäten. Fig. 4 zeigt den prinzipiellen Einbau in einem Geschoss. Der Kopf K des Geschosses ist isoliert und liegt am Gitter der Glimmlampe. Fliegt das Geschoss z. B. an einem Flugzeug vorbei, so werden die Teilkapazitäten etwas verändert, und die Lampe zündet, wodurch das Geschoss explodiert. Man kann den Zünder auch so einstellen, dass alle Geschosse in einem ganz bestimmten Abstand über dem Erdboden, z. B. in drei Meter Höhe, explodieren.

Eine solche Lampe mit Gitter lege ich bei, es gibt eine verbesserte Lampe, bei der das Gitter aus einem Ring besteht.

Der Abwurf-Zünder für Bomben hat die Bezeichnung Nr. 25, die Fertigung soll von 25,000 Stück im Oktober 1939 auf 100,000 Stück ab April 1940 gesteigert werden.

Diese Zünder werden in Sömmerda in Thüringen an der Eisenbahn Sangershausen-Erfurt hergestellt. Die Firma heißt Rheinmetall.

Literaturverzeichnis

Alberts, Klaus (2016): Weg in den Abgrund. Zur Außerrechtsetzung der deutschen Staatsangehörigen jüdischen Bekenntnisses 1933 bis 1945. In: Rainer Hering (Hg.): Die »Reichskristallnacht« in Schleswig-Holstein. Der Novemberprogrom im historischen Kontext. Hamburg: Hamburg University Press, S. 71–103

Bauer, Kurt (2008): Nationalsozialismus. Ursprünge, Anfänge, Aufstieg und Fall. Wien, Köln, Weimar: Böhlau

Beevor, Antony (2012): The Second World War. London: Weidenfeld & Nicolson

Blatman, Daniel (2011): Die Todesmärsche 1944/45. Das letzte Kapitel des nationalsozialistischen Massenmords. 2. Aufl. Reinbek bei Hamburg: Rowohlt

Böhme, Ute (2006): Die Enteignung von Großbetrieben und der Aufbau einer sozialistischen Planwirtschaft in der Sowjetischen Besatzungszone von 1945 bis 1949 am Beispiel der Firma Siemens. Dissertation. Universität Erlangen-Nürnberg

Botz, Gerhard (2018): Nationalsozialismus in Wien. Machtübernahme, Herrschaftssicherung, Radikalisierung, Kriegsvorbereitung 1938/39. Überarbeitete und erweiterte Neuauflage. Wien: Mandelbaum Verlag

Bouverie, Tim (2021): Mit Hitler reden. Der Weg vom Appeasement zum Zweiten Weltkrieg. Deutsche Erstausgabe. Hamburg: Rowohlt

Berkeley, Roy (1994). A Spy's London. Barnsley: Pen and Sword Books

Churchill, Winston (1985a): The Second World War, Volume 1. The Gathering Storm. Boston: Houghton Mifflin

Churchill, Winston (1985b): The Second World War, Volume 2. Their Finest Hour. Boston: Houghton Mifflin

Cook, Alan (1999): Reginald Victor Jones, C.H., C.B., C.B.E. 29 September 1911 – 17 December 1997. In: Biogr. Mems Fell. R. Soc 45, S. 239–254. DOI: 10.1098/rsbm.1999.0016

Crim, Brian E. (2018): Our Germans. Project Paperclip and the national security state. Baltimore: Johns Hopkins University Press

Einstein, Albert (1995): The Swiss Years: Correspondence, 1902–1914. Unter Mitarbeit von Don Howard. Princeton, NJ: Princeton University Press (The Collected Papers of Albert Einstein, Vol. 5)

Eisfeld, Rainer (2012): Mondsüchtig. Wernher von Braun und die Geburt der Raumfahrt aus dem Geist der Barbarei. Neuaufl. Springe: zu Klampen Verlag

Fine, Norman (2019): Blind Bombing. How Microwave Radar Brought the Allies to D-Day and Victory in World War II. Lincoln: University of Nebraska Press

Flachowsky, Sören (2005): Der Bevollmächtigte für Hochfrequenzforschung des Reichsforschungsrates und die Organisation der deutschen Radarforschung in der Endphase des Zweiten Weltkrieges. In: TG 72 (3), S. 203–226

Flügge, Siegfried (1939): Kann der Energieinhalt der Atomkerne technisch nutzbar gemacht werden? In: Die Naturwissenschaften 27 (23–24), S. 402–410. DOI: 10.1007/BF01489507

Gardiner, Juliet (2005): Wartime. Britain 1939–1945: Headline Publishing Group

Goebbels, Joseph; Reuth, Ralf Georg (Hg.) (1992): Tagebücher 1924–1945. München: Piper

Goodchild, James (2019): A most pervasive memoir: R. V. Jones and his Most Secret War. In: Intelligence and National Security 34 (4), S. 526–543

Goschler, Constantin (2018): Im Schatten der Gestapo. In: Stefan Creuzberger und Dominik Geppert (Hg.): Die Ämter und ihre Vergangenheit. Ministerien und Behörden im geteilten Deutschland 1949–1972. Paderborn: Verlag Ferdinand Schöningh, S. 123–144

Hagenauer, Joachim; Pabst, Martin (2014): Anpassung, Unbotmäßigkeit und Widerstand. Karl Küpfmüller, Hans Piloty, Hans Ferdinand Mayer; drei Wissenschaftler der Nachrichtentechnik im »Dritten Reich«. München: Bayerische Akademie der Wissenschaften

Hensle, Michael (2001): »Rundfunkverbrechen« vor nationalsozialistischen Sondergerichten. Dissertation. Technische Universität Berlin, Berlin

Hermann, Armin; Sang, Hans-Peter (Hg.) (1992): Technik und Staat. Berlin, Heidelberg: Springer

Hinsley, Francis H.; Simkins, C. A. (1986): British intelligence in the Second World War. London: H.M.S.O (History of the Second World War)

Johnson, Brian (1995): Streng geheim. Wissenschaft und Technik im Zweiten Weltkrieg; geheime Archive erstmals ausgewertet. Augsburg: Weltbild-Verlag

Johnson, Don H. (2017): The Oslo Person. The Biography of Hans Ferdinand Mayer. Unveröffentlichtes Buch-Manuskript

Jones, Reginald Victor (1947): Scientific Intelligence. CIA Historical Document. Approved for release 1994. Online verfügbar unter www.cia.gov/library/center-for-the-study-of-intelligence/kent-csi/vol6no3/html/v06i3a05p_0001.htm

Jones, R. V. (1987): A merchant of light. In: Nature 325 (6101), S. 203–204

Jones, R. V. (1990): Reflections on Intelligence. London: Mandarin

Jones, R. V. (2009): Most secret war. British scientific intelligence; 1939–1945. London: Michael Joseph

Kästner, Erich (1989): Notabene 45. Ein Tagebuch. München: DTV

Kaltenbrunner, Matthias (2012): Flucht aus dem Todesblock. Der Massenausbruch sowjetischer Offiziere aus dem Block 20 des KZ-Mauthausen und die »Mühlviertler Hasenjagd«; Hintergründe, Folgen, Aufarbeitung. Innsbruck: Studienverlag

Kellerhoff, Sven Felix (2017): Luftkrieg um die Reichshauptstadt. In: Claudia Steur und Mirjam Kutzner (Hg.): Berlin 1933–1945. Zwischen Propaganda und Terror. Berlin: Stiftung Topographie des Terrors, S. 242–248

Kielinger, Thomas (2017): Winston Churchill. Der späte Held. München: C. H. Beck

Konieczny, Alfred (2004): Das Kommando »Wetterstelle« im KL Groß-Rosen, Wałbrzych: Państwowe Muzeum Gross Rosen

Kordecki, Marcin; Smolorz, Dawid (2019): Schauplatz Oberschlesien. Eine europäische Geschichtsregion neu entdecken. Paderborn: Verlag Ferdinand Schöningh

Kramish, Arnold (1987): Der Greif. Paul Rosbaud – der Mann, der Hitlers Atompläne scheitern ließ. München: Kindler

Krockow, Christian von (2016): Winston Churchill. Eine Biographie des 20. Jahrhunderts. Hamburg: Hoffmann und Campe

Lenard, Philipp (1936): Deutsche Physik. Band I. München: J. F. Lehmann

Lenard, Philipp; Schirrmacher, Arne (2010): Philipp Lenard: Erinnerungen eines Naturforschers. Kritische annotierte Ausgabe des Originaltyposkriptes von 1931/1943. Berlin: Springer

Maddrell, Paul (2005): What we have discovered about the Cold War is what we already knew: Julius Mader and the Western secret services during the Cold War. In: Cold War History 5, S. 235–258

Mayer, Hans Ferdinand (1952): Prinzipien der Pulse-Code-Modulation. München: Siemens & Halske

Mayer, Hans Ferdinand (1954): Prinzipien der Pulse-Code-Modulation. München: Oldenbourg

McDonough, Frank (1998). Neville Chamberlain, appeasement and the British road to war. Manchester, UK: Manchester University Press. pp. 124–133

Memorandum by the Secretary of State for Foreign Affairs (1939): Herr Hitler's Speech at Danzig on September 19. British National Archives, CAB 66/1/39

Neufeld, Michael J. (1997): Die Rakete und das Reich. Wernher von Braun, Peenemünde und der Beginn des Raketenzeitalters. Berlin: Brandenburgisches Verl.-Haus

Neufeld, Michael J. (2004): Peenemünde, die Rakete und der NS-Staat. In: Johannes Erichsen und Bernhard Maria Hoppe (Hg.): Peenemünde. Mythos und Geschichte der Rakete 1923–1989; Katalog des Museums Peenemünde. Berlin: Nicolai, S. 35–42.

Orwell, George (1984): The Lion and the Unicorn. London: Penguin Books

Orwell, George (2014): Essays. London: Penguin Books

Overy, Richard J. (2009): Die letzten zehn Tage. München: Pantheon

Overy, Richard J.; Wheatcroft, Andrew (2009): The road to war. London: Vintage Books

Peters, Christian; Weckbecker, Arno (1983): Auf dem Weg zur Macht. Zur Geschichte der NS-Bewegung in Heidelberg 1920–1934: Dokumente und Analysen. Heidelberg: Zeitsprung

Pohl, Dieter (2003): Verfolgung und Massenmord in der NS-Zeit 1933–1945. Darmstadt: Wissenschaftliche Buchgesellschaft

Rennert, David; Traxler, Tanja (2018): Lise Meitner. Pionierin des Atomzeitalters. Salzburg, Wien: Residenz Verlag

Roberts, Andrew (2019): Feuersturm. Eine Geschichte des Zweiten Weltkriegs. München: C. H. Beck

Roth, Karl Heinz (1996): Zwangsarbeit im Siemens-Konzern (1938–1945). In: Hermann Kaienburg (Hg.): Konzentrationslager und deutsche Wirtschaft 1939–1945. Opladen: Leske und Budrich, S. 149–168

Runzheimer, Jürgen (1962): Der Überfall auf den Sender Gleiwitz im Jahre 1939. In: Vierteljahreshefte für Zeitgeschichte 10 (4), S. 408–426

Schilling, René (2012): Die »Helden der Wehrmacht« – Konstruktion und Rezeption. In: Rolf-Dieter Müller und Hans-Erich Volkmann (Hg.): Die Wehrmacht. München: Oldenbourg Wissenschaftsverlag, S. 550–572

Schönbeck, Charlotte (2000): Albert Einstein und Philipp Lenard. Antipoden im Spannungsfeld von Physik und Zeitgeschichte. Berlin, Heidelberg: Springer

Smith, Michael (2004): Foley. The Spy Who Saved 10,000 Jews. London: Politico's

Speer, Albert (2005): Erinnerungen. Berlin: Ullstein Taschenbuch Verlag

Süsskind, Charles (1985): Who invented radar? In: Endeavour 9 (2), S. 92–96

Taylor, Frederick (2015): Coventry. Der Luftangriff vom 14. November 1940: Wendepunkt im Zweiten Weltkrieg. München: Siedler

Wagner, Walter (2011): Der Volksgerichtshof im nationalsozialistischen Staat: Oldenbourg Wissenschaftsverlag Verlag

Wildt, Michael (2016): Antisemitische Gewalt und Novemberpogrom. In: Rainer Hering (Hg.): Die »Reichskristallnacht« in Schleswig-Holstein. Der Novemberpogrom im historischen Kontext. Hamburg: Hamburg University Press, S. 215–230

Williams, Allan (2014): Operation crossbow – The Untold Story of the Search for Hitler's Secret Weapons. London: Arrow Books

Winterbotham, Frederick W. (1974): The Ultra Secret. London: Weidenfeld & Nicolson

Wolfschmidt, Gudrun (Hg.) (2007): Von Hertz zum Handy. Entwicklung der Kommunikation; Ausstellung zum 150. Geburtstag von Heinrich Hertz (1857–1894). Norderstedt: Books on Demand (Nuncius Hamburgensis)

Zegenhagen, Evelyn (2009): Dachau Subcamp System. In: Geoffrey P. Megargee (Hg.): The United States Holocaust Memorial Museum Encyclopedia of Camps and Ghettos, 1933–1945, Volume I: Indiana University Press, S. 448–558

Namenregister